読むだけで力(ちから)がつく
電気回路再入門

臼田昭司 著

日刊工業新聞社

はじめに

　電気回路は、大学では電磁気学とともに、電気工学、電子工学、半導体工学など電気系専門科目の基本になる科目です。電気回路は、大別すると直流回路と交流回路に分けることができます。また、交流回路の一部である過渡現象も重要な分野になっています。直流回路で成り立つ法則や定理は交流回路でも同じように適用することができます。

　本書は、直流回路から交流回路、過渡現象の基礎について、例題を用いながらステップ・バイ・ステップでやさしく解説します。

　また、企業の電気、機械系技術者が電気回路についてもう一度勉強したいとき手に持てる再入門書として使用することができます。さらには、電気技術者が電検3種を受ける際の基本科目になっている電気回路を学習できるように参考となる例題を多く取り入れています。

　本書は、各章が関連しているので、初心者は第1章から順に読み進まれることを望みます。例題については、［解説］で解き方について具体的に説明していますが、計算については、関数電卓などを用いて自分で実際に計算されることをお薦めします。また、フェーザ図についても方眼紙などを用いて実際に作図されることをお薦めします。ある程度、電気回路に知識をお持ちの方は、興味ある章から読み進むことができます。

　本書を通して、電気回路を紐解き、理解を深め、次のステップの足がかりとなり、また、技術者が電気回路をもう一度勉強される際の再入門のきっかけになれば、著者として望外の喜びです。

　最後に、本書執筆の好機を与えていただいた日刊工業新聞社出版局書籍編集部の諸氏に感謝いたします。

2012年11月

著　者

目　次

はじめに ……………………………………………………………………………… i

第1章　電気回路の基本 ……………………………………………………… 1
　1-1　電荷と電流 …………………………………………………………… 1
　1-2　電圧と電位差 ………………………………………………………… 2
　1-3　電力と電力量 ………………………………………………………… 5
　1-4　電気回路の構成要素 ………………………………………………… 8

第2章　直流回路の構成要素と電気回路の基本構成 ……………… 13
　2-1　インダクタンス ……………………………………………………… 13
　2-2　キャパシタンス ……………………………………………………… 16
　2-3　オームの法則 ………………………………………………………… 18
　2-4　抵抗の直列接続 ……………………………………………………… 20
　2-5　抵抗の並列接続 ……………………………………………………… 23

第3章　電気回路の基本法則 ………………………………………………… 29
　3-1　キルヒホッフの法則 ………………………………………………… 29
　3-2　網目電流法（閉路電流法） ………………………………………… 33
　3-3　重ねの理 ……………………………………………………………… 38

第4章　鳳・テブナンの定理 ………………………………………………… 43
　4-1　鳳・テブナンの定理の基本 ………………………………………… 43
　4-2　鳳・チェブナンの定理の適用 ……………………………………… 44
　4-3　最大電力の供給 ……………………………………………………… 48

第5章　交流回路の基本―その1 …………………………………………… 53
　5-1　複素数と極表示 ……………………………………………………… 53
　5-2　複素数表示と極表示の関係 ………………………………………… 54
　5-3　複素数表示または極表示の加減則、乗算、除算 ……………… 57

目次

第6章　交流回路の基本—その2 ……………………… 65
- 6-1　正弦波交流の定義 …………………………………… 65
- 6-2　正弦波交流の波高値、平均値、実効値 ……………… 68
- 6-3　正弦波交流電圧の測定 ……………………………… 71
- 6-4　正弦波交流のフェーザ表示と複素数表示 …………… 74

第7章　交流回路の回路要素 …………………………… 79
- 7-1　抵抗 …………………………………………………… 79
- 7-2　インダクタンス ……………………………………… 82
- 7-3　キャパシタンス ……………………………………… 86

第8章　交流回路の直列接続 …………………………… 91
- 8-1　直列接続 ……………………………………………… 91
- 8-2　インピーダンスとアドミッタンス …………………… 93

第9章　交流回路の並列接続 …………………………… 105
- 9-1　並列接続 ……………………………………………… 105
- 9-2　アドミッタンス ……………………………………… 107
- 9-3　合成インピーダンス ………………………………… 114

第10章　交流の電力と交流回路網の諸定理 …………… 119
- 10-1　電力と力率 ………………………………………… 119
- 10-2　交流回路網の諸定理 ……………………………… 129

第11章　電磁誘導結合回路 ……………………………… 133
- 11-1　電磁誘導結合と相互インダクタンス ……………… 133
- 11-2　電磁誘導結合回路 ………………………………… 138

第12章　変圧器結合回路と変圧器の実験 ……………… 145
- 12-1　電磁誘導結合回路 ………………………………… 145
- 12-2　変圧器の実験 ……………………………………… 153

目次

第13章　古典的解法と過渡現象 …………………………… **161**
13-1　R–L 直列回路の過渡現象 …………………………… 161
13-2　R–C 直列回路の過渡現象 …………………………… 170

第14章　ラプラス変換と過渡現象 …………………………… **181**
14-1　ラプラス変換 …………………………… 181
14-2　R–L 直列回路と R–C 直列回路のラプラス変換 …… 190
14-3　インデンシャル応答とインパルス応答 …………… 195

索　引 …………………………………………………………… 203

●ギリシャ文字

大文字	小文字	名称	大文字	小文字	名称	大文字	小文字	名称
A	α	アルファ	I	ι	イオタ	P	ρ	ロー
B	β	ベータ	K	κ	カッパ	Σ	σ	シグマ
Γ	γ	ガンマ	Λ	λ	ラムダ	T	τ	タウ
Δ	δ	デルタ	M	μ	ミュー	Υ	υ	ユプシロン
E	ε	イプシロン	N	ν	ニュー	Φ	ϕ, φ	ファイ
Z	ζ	ジータ	Ξ	ξ	クサイ	X	χ	カイ
H	η	イータ	O	o	オミクロン	Ψ	ψ	プサイ
Θ	θ	シータ	Π	π	パイ	Ω	ω	オメガ

●電気と磁気の単位

量	量記号	関係式	名　称	単位記号
電流	I	$I=V/R$	アンペア(ampere)	A
電圧	V	$P=VI$	ボルト(volt)	V
電気抵抗	R	$R=V/I$	オーム(ohm)	Ω
電気量(電荷)	Q	$Q=It$	クーロン(coulomb)	C
静電容量	C	$C=Q/V$	ファラド(farad)	F
電界の強さ	E	$E=V/l$	ボルト毎メートル	V/m
電束密度	D	$D=Q/A$	クーロン毎平方メートル	C/m^2
誘電率	ε	$\varepsilon=D/E$	ファラド毎メートル	F/m
磁界の強さ	H	$H=I/l$	アンペア毎メートル	A/m
磁束	Φ	$V=\Delta\Phi/\Delta t$	ウェーバ(weber)	Wb
磁束密度	B	$B=\Phi/A$	テスラ(tesla)	T
自己(相互)インダクタンス	$L(M)$	$M=\Phi/I$	ヘンリー(henry)	H
透磁率	μ	$\mu=B/H$	ヘンリー毎メートル	H/m

(t：時間 [s]、l：長さ [m]、A：面積 [m^2]、P：電力 [W])

●接頭語

名　称	記号	倍数	名　称	記号	倍数
テラ (tera)	T	10^{12}	デシ (deci)	d	10^{-1}
ギガ (giga)	G	10^9	センチ (centi)	c	10^{-2}
メガ (mega)	M	10^6	ミリ (mili)	m	10^{-3}
キロ (kilo)	k	10^3	マイクロ (micro)	μ	10^{-6}
ヘクト (hecto)	h	10^2	ナノ (nano)	n	10^{-9}
デガ (deca)	da	10	ピコ (pico)	p	10^{-12}

―――――――――――――――――第 *1* 章 ◇

電気回路の基本

　電気の基本として、電気回路の基礎要素である電荷と電流、電圧、電力と電力量、電気回路の構成要素の一つである電気抵抗について説明します。最初に、電気回路に流れる電荷と電流の定義について説明します。電圧と電位差については揚水発電機を例に説明します。次に、電力と電力量について電気エネルギーと仕事の関係から説明します。最後に、電気抵抗について抵抗率と導電率について説明します。

1-1　電荷と電流

　図 1-1 の電気回路を見てください。豆電球を点灯させる点灯回路です。スイッチを閉じて乾電池から豆電球に電流を流すと、豆電球は点灯します。このように電流が流れる路(みち)、回路のことを"電気回路(electric circuit)"といいます。

　乾電池と豆電球は、導線（金属導体）で接続されています。豆電球が点灯するのは、電池から豆電球を回って、電気を帯びた多数の粒子が金属導線の中を流れるからです。電荷を帯びた多数の粒子のことを"電荷(でんか)"といいます。すな

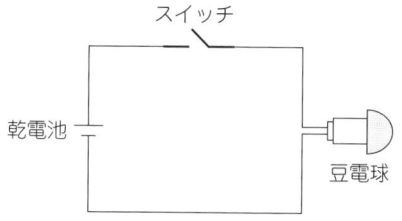

図 1-1　電気回路の例（豆電球点灯回路）

わち、電荷が金属導線の中を流動することによって電気が流れることになります。電荷が流れることを"電気が流れる"といいます。電荷には、正の電荷を帯びた正電荷と、負の電荷を帯びた負電荷があります。電気回路では、正電荷の向きが電流の向きになります。負電荷の向きと電流の向きは反対方向になります。

導線を流れる電流の大きさは、導線の断面を単位時間に通過する電荷の量として定義されています。すなわち、微小時間 Δt（秒）の間に一定の大きさの電流が流れているとして、導線の断面を通過する電荷の量を ΔQ（クーロン）とすれば、そのときの電流の大きさ I は次式で定義されます。

$$I = \frac{\Delta Q}{\Delta t} \text{（アンペア）} \quad \cdots\cdots(1.1)$$

電荷の単位はクーロン［C］、電流の単位はアンペア［A］を使います。時間の単位は秒［s］です。

【例題 1-1】

電線に3アンペアの電流が5秒間流れたとき、その電線の断面を通過する電荷の量を求めなさい。

解説

(1.1)式を変形します。

$$\Delta Q = I \times \Delta t \quad \cdots\cdots(1.2)$$

この式に、題意の $I=3$ アンペア、$\Delta t=5$ 秒を代入します。

$$\Delta Q = 3 \times 5 = 15 \text{ クーロン}$$

解答

15 クーロン

1-2 電圧と電位差

電気回路では、電圧は電位差のことを意味します。電位差は、揚水発電機の

1-2 電圧と電位差

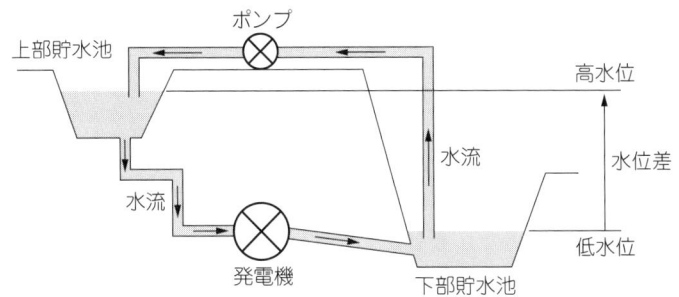

図 1-2　揚水発電機のイメージ

水位に例えることができます。揚水発電機のイメージを図 1-2 に示します。揚水発電機の原理は、夜間などの電力需要の少ない時間帯に原子力発電所や他の発電所から余剰電力の供給を受けてポンプで下部貯水池から上部貯水池へ水を汲み上げておき、電力需要が大きくなる時間帯に上池から下池へ水を導き落とすことで発電する水力発電方式をいいます。

　水位の高い上部貯水池から水位の低い下部貯水池に水が流れることにより上部貯水池の水位は低下し、下部貯水池の水位が上昇します。この水位の差を一定に保つことにより連続した水が流れるようになります。

　電気回路についても同じように考えることができます。図 1-3 の電気回路と図 1-2 を比較してください。

　電気回路では、水位に相当するものを電位（electrical potential）といいま

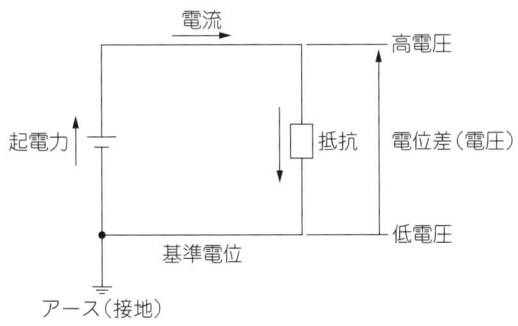

図 1-3　電気回路

3

す。水流に相当するのが電流になります。電流は、電位の高いほうから低いほうへ流れます。また、電位の差（水位差に相当する）を電位差または電圧（voltage）といいます。揚水発電機のポンプに相当するのが、電気回路では起電力です。ポンプは水を汲み上げる働きがあり、起電力は回路に電位差をつくり、電流を流す働きがあります。

また、電位の基準は通常、大地とします。電気回路では、これをアースまたはグラウンド（接地）といいます。

電位と電圧の単位は、ボルト [V] を使います。

電圧の1ボルト [V] は次のように定義されています。

回路の電圧によって導体中の1クーロン [C] の正の電荷が、1ニュートン [N] の力を受けて1メータ [m] の距離を動くときの仕事量が1ジュール [J] であるとき、その電圧の大きさは1ボルト [V] であると定義されます。

すなわち、ある量の電荷 ΔQ [C] が電圧 V [V] の電位差を動いたとき、その電荷に働く仕事量 ΔW は次のように表されます。

$$\Delta W = \Delta Q \times V \quad \cdots\cdots(1.3)$$

または

$$V = \frac{\Delta W}{\Delta Q} \ [\text{J/C}] \equiv [\text{V}] \quad \cdots\cdots(1.4)$$

【例題 1-2】

3個の電池（E1、E2、E3）が図1-4のように接続されている。端子P点とQ点の電圧 V_P と V_Q は何ボルトになるか。

解説

アースを電位の基準にします。

端子P点の電圧 V_P は、基準のアースに対してマイナスの方向なので、

$$V_P = -E1 = -1.5 \ [\text{V}]$$

になります。

端子Q点の電圧 V_Q は、

1-3 電力と電力量

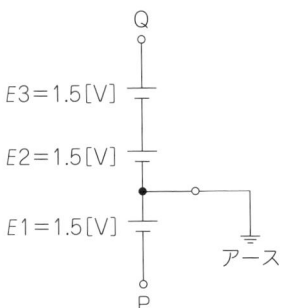

図 1-4　電池の接続

$$V_Q = E2 + E3 = 1.5 + 1.5 = 3 \ [\text{V}]$$

になります。

解答

$V_P = -1.5 \ [\text{V}]$、$V_Q = 3.0 \ [\text{V}]$

1-3　電力と電力量

電力 (electric power) とは、電気エネルギーが単位時間あたりにする仕事の大きさのことをいいます。電力の量記号は "P" で表し、単位はワット [W] です。1 ワット [W] とは、1 秒間に 1 ジュール [J] の仕事をする電力のことをいいます。

すなわち、ある時間 Δt [s] の間にする仕事量（エネルギー）が ΔQ [J] であるとすれば、電力 P [W] は次のように表されます。

$$P = \frac{\Delta Q}{\Delta t} \ [\text{J/s}] \equiv [\text{W}] \quad \cdots\cdots (1.5)$$

図 1-3 の電気回路において、抵抗 R [Ω] に電流 I [A] が Δt 秒間流れたときの電気エネルギー ΔQ は、抵抗で発生した熱エネルギーに等しく、ジュールの法則から

$$\Delta Q = I^2 R \times \Delta t \ [\text{J}] \quad \cdots\cdots (1.6)$$

になります。

第 1 章　電気回路の基本

写真 1-1　携帯用の電力計

したがって、電力 P は、

$$P = \frac{\Delta Q}{\Delta t} = \frac{I^2 R \times \Delta t}{\Delta t} = I^2 R = V \times I = \frac{V^2}{R} \ [\mathrm{W}] \quad \cdots\cdots (1.7)$$

のように表されます。

　電力 P は、電圧 V [V] と電流 I [A] の積に等しくなります。

　電気回路の電力を測定する測定器は、電力計（パワーメータ、**写真 1-1**）です。

　次に、電力量について説明します。

　電力 P [W] が時間 t [s] 間行った仕事を電力量（electric energy）といいます。

　電力量 W は次式で表されます。

$$W = P \times t \ [\mathrm{J}] \equiv [\mathrm{W \cdot s}] \quad \cdots\cdots (1.8)$$

　電力量の単位には、ジュール [J] = [W·s] が用いられます。[W·s] は、"ワット秒"と発音します。

　ここで、時間 t の単位が時 [h] であれば、

$$W = P \times t \ [\mathrm{W \cdot h}] \quad \cdots\cdots (1.9)$$

となります。[W·h] は"ワット時"と発音します。たとえば、1 [kW·h] は、1 kW の電力を 1 時間使用したときの電力量になります。

　一般家庭で使用されている電力量計を**写真 1-2** に示します。電力量計のカウントされた数値を記録して家庭で使用した電力量を測定し、電力料金に換算し

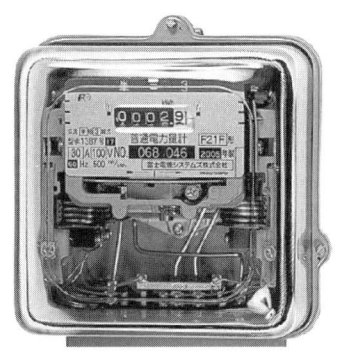

写真 1-2 電力量計

ています。

【例題 1-3】
1 ワット時は、何ワット秒になるか。

解説
時間 [h] を秒 [s] に換算します。
h = 60×60 s = 3,600 s
したがって、1 ワット時は、
1 [W·h] = 3,600 [W·s]
となります。

解答
3,600 [W·s]

【例題 1-4】
電圧 100 [V]、電力 40 [W] の白熱電球がある。この発熱電球に 100 [V] の電圧を加えて、毎日 12 時間ずつ 30 日間使用したときの電力量はいくらになるか。

第1章 電気回路の基本

解説

(1.9)式に、$P = 40$ [W]、$t = 12 \times 30 = 36$ [h] を代入します。

$W = P \times t = 40 \times 12 \times 30 = 14,400$ [W·h] $= 14.4$ [kW·h]

ここで、[kW·h] は"キロワット時"と発音します。

解答

14.4 [kW·h]

1-4 電気回路の構成要素

電気回路を構成する要素は、電気抵抗R、インダクタンス（自己インダクタンスL、相互インダクタンスM）、キャパシタンスCの3種類があります。電気抵抗はエネルギーを消費し、インダクタンスはエネルギーを磁界の形で蓄え、キャパシタンスはエネルギーを電界の形で蓄えます。

本節では、電気抵抗のみを説明します。次節でインダクタンスとキャパシタスについて説明します。

電気抵抗は、抵抗を構成する物質固有の性質や形状、寸法によって異なります。電気抵抗は抵抗率と導電率によって表現されます。

断面積 S [m^2]、長さ L [m] の導体（銅線など）があるとします（図1-5）。この導体の抵抗 R [Ω] は、比例定数を ρ とすれば次式が成り立ちます。

$$R = \rho \frac{L}{S} \;[\Omega \cdot m] \quad \cdots\cdots(1.8)$$

すなわち、抵抗 R は長さ L に比例し、断面積 S に反比例します。比例定数 ρ（"ロー"と発音）は物質に固有の定数で、抵抗率（resistivity）といいま

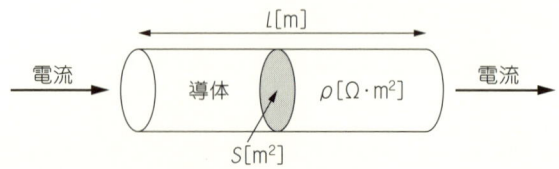

図1-5 導体の抵抗

す。電流の流れを妨げる、すなわち、電流の流れにくさを表現するものです。

抵抗率の単位は、

$$\rho = R\frac{S}{L} = \Omega\ \frac{m^2}{m} = \Omega \cdot m$$

から［Ω・m］となります。"オームメートル"と発音します。

一方、電流の流れやすさを表現する導電率（conductivity）があります。記号は σ（"シグマ"と発音）を使います。導電率と抵抗率は逆数の関係にあります。

$$\sigma = \frac{1}{\rho}\ [S/m] \quad \cdots\cdots(1.9)$$

導電率の単位は［S/m］です。"シーメンス毎メートル"と発音します。

【例題 1-5】

断面積 0.1［mm^2］、長さ 1［km］の銅線の抵抗 R を求めなさい。ただし、銅線の抵抗率は 2×10^{-8}［Ω・m］とする。また、この銅線の導電率 σ を求めなさい。

解説

(1.8)式に、

$\rho = 2\times 10^{-8}$ ［Ω・m］

$S = 0.1$ ［mm^2］$= 0.1\times(10^{-3})^2$［m］$= 0.1\times 10^{-6}$［m］

$L = 1$ ［km］$= 1,000$ ［m］

を代入します。

$$R = \rho\ \frac{L}{S} = 2\times 10^{-8}\ \frac{1,000}{0.1\times 10^{-6}} = 200\ [\Omega]$$

次に、(1.9)式から導電率を求めます。

$$\sigma = \frac{1}{\rho} = \frac{1}{200} = 0.005\ [S/m]$$

第1章 電気回路の基本

解答

抵抗 $R = 200$ [Ω]、$\sigma = 0.005$ [S/m]

電気回路では、電気抵抗の端子間に電圧 V を加えれば、V に比例した電流 I が流れます。すなわち、比例定数を G とすれば、

$$I = G \times V \quad \cdots\cdots (1.10)$$

と表せます。

ここで、$G = \dfrac{1}{R}$ とすれば、

$$V = \dfrac{1}{G} \times I = R \times I \quad \cdots\cdots (1.11)$$

となります。

(1.10)式と(1.11)式の電圧 V と電流 I の関係を"オームの法則"と呼んでいます。すなわち、電圧 V と電流 I は比例関係にあります（**図1-6**）。

オームの法則については第2章2-3節で改めて説明します。

ここで、抵抗 R [Ω] の逆数 G はコンダクタンス（conductance）といいます。コンダクタンスの単位は [1/Ω] ≡ [S]（ジーメンス）です。

【例題1-6】

図1-7の電気回路において、電圧10 [V] を加えたとき、抵抗に2 [A] の

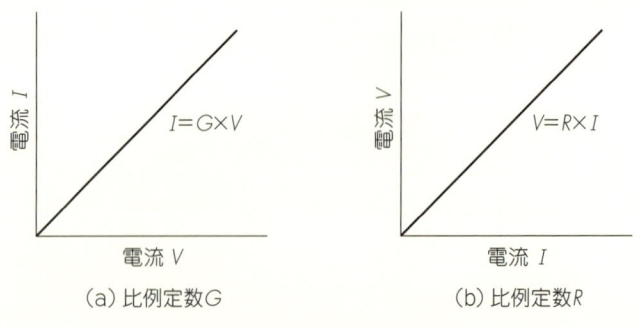

（a）比例定数 G 　　　　（b）比例定数 R

図1-6　電圧と電流の比例関係

1-4 電気回路の構成要素

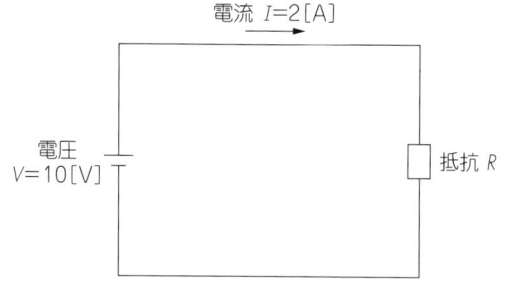

図1-7　電気回路の抵抗とコンダクタンス

電流が流れた。抵抗 R を求めなさい。また、この抵抗のコンダクタンス G を求めなさい。

解説

抵抗 R は、(1.10)式のオームの法則から

$$R = \frac{V}{I} = \frac{10}{2} = 5\ [\Omega]$$

となります。

コンダクタンス G は、抵抗の逆数から

$$G = \frac{1}{R} = \frac{1}{5} = 0.2\ [\text{S}]$$

となります。

解答

$R = 5\ [\Omega]$、$G = 0.2\ [\text{S}]$

11

―― 第 2 章 ◇

直流回路の構成要素と電気回路の基本構成

　第1章では電気回路の基本要素の一つである電気抵抗について説明しました。本章では、最初に、電気回路の他の構成要素としてインダクタンスとキャパシタンスについて説明します。次に、電気回路の基本構成として抵抗の直列接続と並列接続について説明します。抵抗の直列接続では合成抵抗と電圧の分圧、並列接続では合成抵抗と電流の分流について説明します。

2-1　インダクタンス

　図2-1のように、導線を巻いたコイルがあるとします。コイルに電流 i を流すと図に示した方向に磁束 ϕ がコイルを貫通して生じます。一般に導線の周りには電流の方向に対して右回りに磁界が生じます。これを"アンペールの右ねじの法則"といいます。いま、このコイルに電流を流したときにコイルを貫通する磁束を ϕ とします。

　コイルに時間的に変化する電流が流れるとします。そうするとコイルの両端

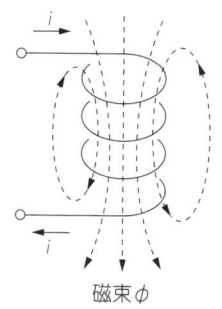

図2-1　コイルと自己インダクタンス

には、コイルに流れる電流の変化率 $\frac{\Delta i}{\Delta t}$ に比例した電圧（誘導起電力という）v が生じます。

比例定数を L とすると、

$$v = L \times \frac{\Delta i}{\Delta t} \quad \cdots\cdots(2.1)$$

となります。これを"ファラデーの電磁誘導法則"または"ファラデーの法則"といいます。比例定数 L は、コイルの自己インダクタンスまたは単にインダクタンスといいます。単位はヘンリー［H］です。

ここで、Δi と Δt が十分小さいとして、それぞれ di、dt とすると、(2.1)式は次のように表すことができます。

$$v = L \frac{di}{dt} \quad \cdots\cdots(2.2)$$

コイルを流れる電流が直流の場合は、電流は時間的に変化しないのでコイルの両端には電圧は生じません。

コイルの両端に生じる電圧の向きは"レンツの法則"に従う向きに生じます。レンツの法則とは、「電磁誘導によって生じる起電力は磁束変化を妨げる電流を生ずるような向きに発生する」ということです。

式で表すと次のようになります。

$$v = -\frac{\Delta \phi}{\Delta t} \quad \cdots\cdots(2.3)$$

たとえば、自己インダクタンス 1［H］のコイルに、1秒間に 0 から 1［A］まで直線的に変化する電流を流すと、コイルには 1［V］の電圧が磁束の変化 $\left(\frac{\Delta \phi}{\Delta t}\right)$ を妨げる向き（－）に発生します。

式で表現すると、

$$v = -\frac{d\phi}{dt} = -L\frac{di}{dt} = -1\,[\text{H}] \times \frac{1\,[\text{A}]}{1\,[\text{s}]} = -1\,[\text{V}]$$

です。電流が 1 秒間に 0 から 1［A］まで直線的に変化したときに生じる磁束

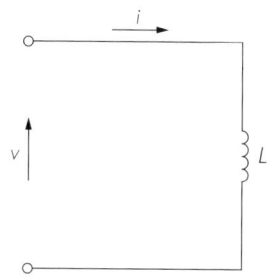

図 2-2　自己インダクタンスの電気回路

の変化を妨げる向きに 1 [V] の電圧がコイルに誘起するという意味です。

自己インダクタンス L は、電気回路では図 2-2 のように表します。

【例題 2-1】

図 2-2 に示した自己インダクタンス L のコイルに正弦波交流電流 $i = I_m \times \sin\omega t$ [A] を流した。自己インダクタンス L に生じる誘導起電力 v [V] を求めなさい。

解説

(2.2)式に題意の i を代入します。

$$v = L\frac{di}{dt} = L\frac{d(I_m \sin\omega t)}{dt} = \omega L \cdot I_m \cos\omega t = \omega L \cdot I_m \sin\left(\omega t + \frac{\pi}{2}\right) \text{ [V]}$$

ここで、$\cos\omega t = \sin\left(\omega t + \frac{\pi}{2}\right)$

コイルは抵抗に相当する ωL [Ω] の値をもち、電圧に対して電流の位相を $\frac{\pi}{2}$（または 90°）だけ遅らせる働きをするということです。別の言い方をすれば、電圧は電流よりも位相が $\frac{\pi}{2}$ 進んだ変化をするといえます。これについては、第 7 章「交流回路の回路要素」でもう一度説明します。

第 2 章　直流回路の構成要素と電気回路の基本構成

解答

$$v = \omega L \cdot I_m \cos \omega t = \omega L \cdot \sin\left(\omega t + \frac{\pi}{2}\right) \text{ [V]}$$

2-2　キャパシタンス

　2 枚の導体板である平行平板電極をへだてて、その間に絶縁体を満たしたものを並行板コンデンサといいます（**図 2-3**）。この電極間に電圧 v [V] を加えると、電位の高い電極 A に $+q$ [C]、電位の低い電極 B に $-q$ [C] の電荷が蓄積されます。電荷の単位はクーロン [C] といいます。このことから両電極には大きさが同じで符号のことなる電荷が蓄積されることになります。このような構成のものを一般にコンデンサまたはキャパシタといいます。

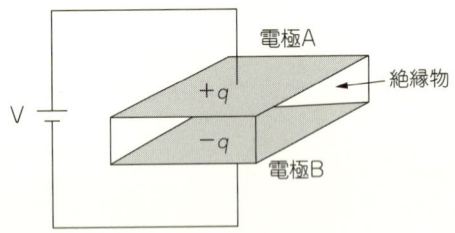

図 2-3　コンデンサの構成

　一方、それぞれの電極に $+q$ [C]、$-q$ [C] の電荷を与えると電極間には q に比例した電圧が生じます。比例定数を C とすると次式が成り立ちます。

　　$q = Cv$ [C]　……(2.4)

　または

　　$v = \dfrac{q}{C}$ [V]　……(2.5)

　または

　　$C = \dfrac{q}{v}$ [F]　……(2.6)

　比例定数 C をキャパシタンス（capacitance）または静電容量といいます。キャパシタンスの単位はファラッド [F] です。ファラッドの単位は実用上大

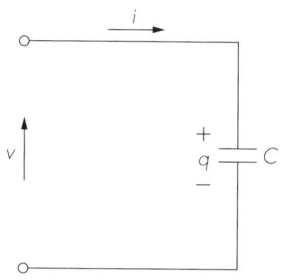

図2-4 キャパシタンスの電気回路

きすぎるので、接頭語を用いてマイクロ・ファラッド（$1\mu F = 10^{-6} F$）とピコ・ファラッド（$1 pF = 10^{-12} F$）の単位を用います。

キャパシタンスは、電気回路では**図2-4**のように表します。

次に、電圧 v が時間的に変化する場合を考えます。すなわち、Δt [s] の間に Δv [V] だけ変化するとします。すると電荷 q もそれに比例して変化します。電荷の変化量を Δq とすると、

$$\Delta q = C \times \Delta v$$

となります。この電荷の時間的な変化分は、コンデンサに電流 i として流れ込んでくることを意味します。

すなわち、

$$i = \frac{\Delta q}{\Delta t} = C \frac{\Delta v}{\Delta t}$$

と表すことができます。

Δt、Δv が十分小さいとすると、それぞれ dt、dv として

$$i = C \frac{dv}{dt} \quad \cdots\cdots (2.7)$$

となります。すなわち、電圧の変化 $\frac{dv}{dt}$ に比例した電流が流れることになります。

コンデンサに加えられる電圧が直流で、電圧変化がない場合は、コンデンサには電流が流れないことになります。

第 2 章　直流回路の構成要素と電気回路の基本構成

【例題 2-2】

　静電容量が 1.78 [pF] のコンデンサがある。このコンデンサに電圧 100 [V] を加えたとき、コンデンサに蓄えられる電荷はいくらになるか。次に、このコンデンサに正弦波交流電圧 $v = V_m \times \sin \omega t$ [V] を加えた。コンデンサに流れる電流 i [A] を求めなさい。

解説

　(2.4)式に題意の数値（$C = 1.78$ [pF] $= 1.78 \times 10^{-12}$ [F]、$v = 100$ [V]）を入力します。

$$q = Cv = 1.78 \times 10^{-12} \times 100 = 178 \times 10^{-12} = 178 \ [\text{pF}]$$

次に、(2.7)式に正弦波交流電圧 $v = V_m \times \sin \omega t$ [V] を代入します。

$$i = C\frac{dv}{dt} = C\frac{d(V_m \times \sin \omega t)}{dt} = \omega C \cdot V_m \cos \omega t = \omega C \cdot V_m \sin\left(\omega t + \frac{\pi}{2}\right) \ [\text{A}]$$

コンデンサは、抵抗に相当する ωC [Ω] の値をもち、電流に対して電圧の位相を $\frac{\pi}{2}$（または 90°）だけ遅らせる働きをするといえます。別の言い方をすれば、電流は電圧よりも位相が $\frac{\pi}{2}$ 進んだ変化をするといえます。これについても、第 7 章「交流回路の回路要素」で説明します。

解答

$$q = 178 \ [\text{pF}] 、 i = \omega C \cdot V_m \cos \omega t = \omega C \cdot I_m \sin\left(\omega t + \frac{\pi}{2}\right) \ [\text{A}]$$

2-3　オームの法則

　直流電源と抵抗を接続した直流回路を**図 2-5** に示します。また、回路に流れる電流と抵抗の端子電圧を測定するためにそれぞれ電流計と電圧計を回路に入れます。直流電源と抵抗はそれぞれ可変して電圧と抵抗の値を調整します。

　抵抗の値を一定にして直流電源の電圧 E を大きくしていくと、電流 I [A]

2-3 オームの法則

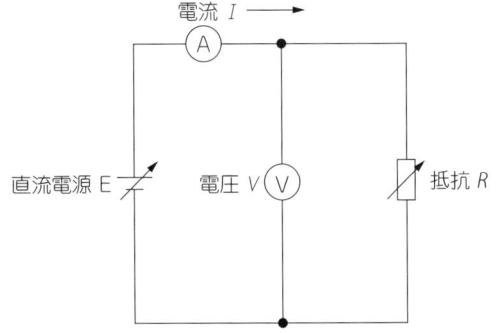

図2-5 直流電源と抵抗の直流回路

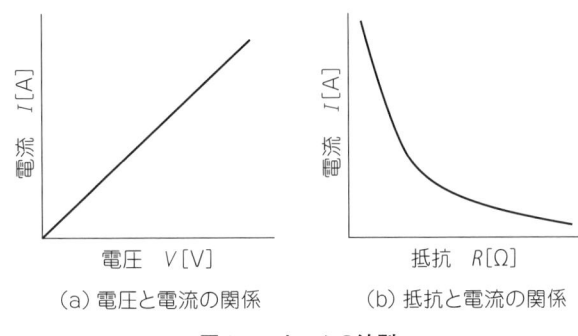

(a) 電圧と電流の関係　　(b) 抵抗と電流の関係

図2-6 オームの法則

は電圧 V [V] に比例して大きくなります〔図2-6(a)〕。次に、電源の電圧 E を一定にして抵抗 R [Ω] の値を大きくしていくと電流 I は抵抗 R に反比例して小さくなります〔同図(b)〕。すなわち、電流は電圧に比例し、抵抗に反比例します。これがオームの法則（Ohm's law）です。

式で表すと次のようになります。

$$I = \frac{V}{R} \quad \cdots\cdots(2.8)$$

または、

$$V = RI \quad \cdots\cdots(2.9)$$

または、

19

$$R = \frac{V}{I} \quad \cdots\cdots(2.10)$$

次に、抵抗 R で消費される電力は

$$P = IV \text{ [W]} \quad \cdots\cdots(2.11)$$

となります。(2.8)式と(2.9)式を用いると次式で表すことができます。

$$P = IV = \frac{V}{R} \times V = \frac{V^2}{R} \text{ [W]} \quad \cdots\cdots(2.12)$$

または、

$$P = IV = I \times RI = I^2 R \text{ [W]} \quad \cdots\cdots(2.13)$$

【例題 2-3】

図 2-5 の直流回路で、電圧 V [V] と電流 I [A] の関係を求めたら図 2-6 (a) のグラフが得られた。グラフの直線の勾配は 0.2 であった。抵抗値 R [Ω] を求めなさい。

解説

図 2-6(a) のグラフで、V [V] を x、I [A] を y と置き換え、直線の勾配を a とすると、直線は良く知られた一次式 $y = ax$ で表せます。題意から $a = 0.2$ なので、$y = 0.2x$ となります。一次式を元の I と V に書き直すと $I = aV$ となり、勾配 a は $a = \frac{I}{V} = \frac{1}{R}$ から抵抗 R の逆数になります。したがって、抵抗 R は $R = \frac{1}{a} = \frac{1}{0.2} = 5$ [Ω] が得られます。

解答

5 [Ω]

2-4 抵抗の直列接続

複数の抵抗を共通の電流が流れるように接続することを直列接続といいま

2-4 抵抗の直列接続

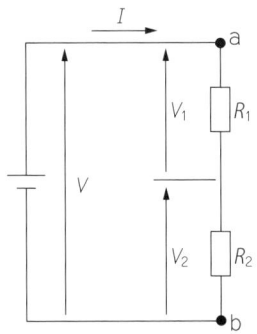

図 2-7 抵抗の直列回路

す。図 2-7 の回路は抵抗を 2 個直列接続した場合です。共通に流す電流を I [A] とします。各抵抗に生じる電圧を V_1 [V]、V_2 [V] とすれば、オームの法則から抵抗の端子電圧は

$V_1 = R_1 I$ ……(2.14)

$V_2 = R_2 I$ ……(2.15)

となります。抵抗の端子電圧の矢印の向きは、電流の向きと逆になります。

端子 a–b 間の電圧 V [V] は V_1 [V] と V_2 [V] の和に等しく、次式のようになります。

$V = V_1 + V_2 = R_1 I + R_2 I$ ……(2.16)

次に、電流 I は (2.16) 式から

$I = \dfrac{V}{R_1 + R_2}$ ……(2.17)

となります。

したがって、合成抵抗は $I = \dfrac{V}{R}$ より

$R = R_1 + R_2$ ……(2.18)

となります。

次に、(2.17) 式の電流 I を (2.14) 式と (2.15) 式に代入すると次式が得られます。

21

第2章　直流回路の構成要素と電気回路の基本構成

$$V_1 = R_1 I = \frac{R_1}{R_1 + R_2} V \quad \cdots\cdots (2.19)$$

$$V_2 = R_2 I = \frac{R_2}{R_1 + R_2} V \quad \cdots\cdots (2.20)$$

このような式を"電圧の分圧"といいます。

また、V_1 と V_2 の比を求めると

$$V_1 : V_2 = \frac{R_1}{R_1 + R_2} V : \frac{R_2}{R_1 + R_2} V = R_1 : R_2 \quad \cdots\cdots (2.21)$$

が得られます。この式から、各抵抗の端子電圧の比は各抵抗値の比に等しいといえます。

【例題2-4】

図2-7の抵抗の直列回路で、$V = 10$ [V]、$R_1 = 400$ [Ω]、$R_2 = 600$ [Ω] とする。合成抵抗 R、電圧 V_1、V_2、電流 I を求めなさい。

解説

合成抵抗は、(2.18)式より

$$R = R_1 + R_2 = 400 + 600 = 1,000 \text{ [Ω]} = 1 \text{ [kΩ]}$$

となります。

電圧 V_1、V_2 は、電圧の分圧の式である(2.19)式、(2.20)式より

$$V_1 = \frac{R_1}{R_1 + R_2} V = \frac{400}{400 + 600} \times 10 = 4 \text{ [V]}$$

$$V_2 = \frac{R_2}{R_1 + R_2} V = \frac{600}{400 + 600} \times 10 = 6 \text{ [V]}$$

となります。

最後に、電流 I は(2.17)式より

$$I = \frac{V}{R_1 + R_2} = \frac{10}{400 + 600} = 0.01 \text{ [A]} = 10 \text{ [mA]}$$

となります。

解答

$R = 1\ [\text{k}\Omega]$、$V_1 = 4\ [\text{V}]$、$V_2 = 6\ [\text{V}]$、$I = 10\ [\text{mA}]$

2-5 抵抗の並列接続

複数の抵抗を共通の電圧が加わるように接続することを並列接続といいます。図 2-8 の回路は抵抗を 2 個並列接続した場合です。共通に加わる電圧を V [V] とします。各抵抗に流れる電流を I_1 [A]、I_2 [A] とすれば、オームの法則から

$$I_1 = \frac{V}{R_1} \quad \cdots\cdots (2.22)$$

$$I_2 = \frac{V}{R_2} \quad \cdots\cdots (2.23)$$

となります。

次に、合成電流 I は各抵抗に流れる電流の和になるので、

$$I = I_1 + I_2 \quad \cdots\cdots (2.24)$$

となります。この式は、a 点、b 点において、流れ込む電流が流れ出る電流に等しいことを意味しています。すなわち、キルヒホッフの第 1 法則（電流則）が成り立ちます。キルヒホッフの法則については改めて第 3 章 3-1 節で説明します。

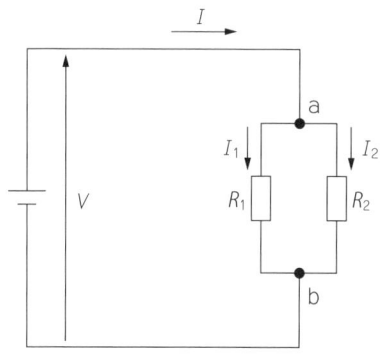

図 2-8　抵抗の並列回路

(2.24)式に、(2.22)式と(2.23)式を代入すると

$$I = I_1 + I_2 = \frac{V}{R_1} + \frac{V}{R_2} = \left(\frac{1}{R_1} + \frac{1}{R_2}\right)V \quad \cdots\cdots (2.25)$$

または

$$I = I_1 + I_2 = \frac{V}{R_1} + \frac{V}{R_2} = \left(\frac{1}{R_1} + \frac{1}{R_2}\right)V = \frac{R_1 + R_2}{R_1 R_2}V \quad \cdots\cdots (2.26)$$

が得られます。ここで、$I = \dfrac{V}{R}$ より、並列接続の合成抵抗 R は

$$R = \frac{R_1 R_2}{R_1 + R_2} \quad \cdots\cdots (2.27)$$

となります。

次に、(2.26)式を $V = \dfrac{R_1 R_2}{R_1 + R_2} I$ として、これを(2.22)式、(2.23)式に代入します。

$$I_1 = \frac{V}{R_1} = \frac{1}{R_1} \frac{R_1 R_2}{R_1 + R_2} I = \frac{R_2}{R_1 + R_2} I \quad \cdots\cdots (2.28)$$

$$I_2 = \frac{V}{R_2} = \frac{1}{R_2} \frac{R_1 R_2}{R_1 + R_2} I = \frac{R_1}{R_1 + R_2} I \quad \cdots\cdots (2.29)$$

このような式を"電流の分流"といいます。

また、I_1、I_2 の比を求めると、(2.21)式、(2.22)式から

$$I_1 : I_2 = \frac{V}{R_1} : \frac{V}{R_2} = \frac{1}{R_1} : \frac{1}{R_2} \quad \cdots\cdots (2.30)$$

となります。並列接続の各抵抗に流れる電流は、それぞれの抵抗値の逆数の比に等しいということができます。

【例題2-5】
図2-8の抵抗の並列回路で、$V = 10$ [V]、$R_1 = 200$ [Ω]、$R_2 = 800$ [Ω] とする。合成抵抗 R、合成電流 I、電流 I_1、I_2、を求めなさい。

解説

合成抵抗は、(2.27)式より

$$R = \frac{R_1 R_2}{R_1 + R_2} = \frac{200 \times 800}{200 + 800} = \frac{160,000}{1000} = 160 \ [\Omega]$$

となります。

合成電流 I は(2.26)式より

$$I = \frac{V}{R} = \frac{10}{160} = 0.0625 \ [A]$$

となります。

電流 I_1、I_2 は、電流の分流の式である(2.28)式、(2.29)式より

$$I_1 = \frac{R_2}{R_1 + R_2} I = \frac{800}{200 + 800} \times 0.0625 = 0.05 \ [A]$$

$$I_2 = \frac{R_1}{R_1 + R_2} V = \frac{200}{200 + 800} \times 0.0625 = 0.0125 \ [A]$$

となります。

解答

$R = 160 \ [\Omega]$、$I = 0.0625 \ [A]$、$I_1 = 0.05 \ [A]$、$I_2 = 0.0125 \ [A]$

【例題 2-6】

図 2-9 の回路の交点である P 点と Q 点の間に電流計 G を接続した。4 つの抵抗 R_A、R_B、R_C、R_D を可変（調整）して電流計の指示を 0 にしたい。4 つの抵抗間の条件を求めなさい。また、電流計の指示が 0 のときの各岐路の電流 I_1、I_2 の式を導きなさい。

解説

図 2-9 のような回路を、一般にブリッジ（bridge）回路と呼んでいます。P 点と Q 点が電流計を介して接続（橋渡し）されているので、このように呼称されています。ブリッジ回路の中には、電流計を介さないで直接接続する場合

第2章 直流回路の構成要素と電気回路の基本構成

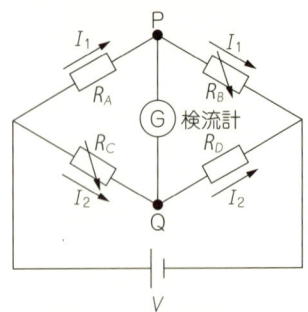

図 2-9 ブリッジ回路

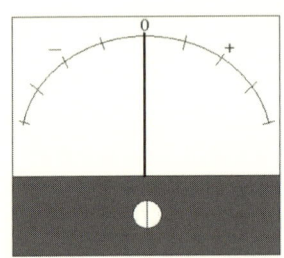

図 2-10 検流計イメージ

写真 2-1 市販検流計（横河電機）

もあります。

　ブリッジ回路で使用される電流計は、通常の電流計と異なる"センターゼロ"の直流電流計です（図 2-10、写真 2-1）。一般に、検流計またはガルバノメータといいます。検流計は G と表記します。電流が流れていないときは、指針は常に表示板中心の 0 を指しています。検流計にプラス方向の電流が流れているときは、指針は表示板右側の表示になります。これに対してマイナス方向の電流が流れているときは、指針は表示板左側の表示になります。

　検流計 G の指針が 0 を指しているとします。すなわち、検流計には電流が流れていないとします。

　P点の電位を V_P、Q点の電位を V_Q とすると、V_P と V_Q は、電圧の分圧から次式で与えられます。

2-5 抵抗の並列接続

$$V_P = \frac{R_B}{R_A + R_B} V \quad \cdots\cdots (2.31)$$

$$V_Q = \frac{R_D}{R_C + R_D} V \quad \cdots\cdots (2.32)$$

検流計に電流が流れないときの条件は、

$$V_P = V_Q \quad \cdots\cdots (2.33)$$

となります。すなわち、電位 V_P と V_Q が等しければ（同電位であれば）、P点とQ点間には電流は流れません。

(2.33)式に、(2.31)式と(2.32)式を代入します。

$$\frac{R_B}{R_A + R_B} V = \frac{R_D}{R_C + R_D} V$$

$$\frac{R_B}{R_A + R_B} = \frac{R_D}{R_C + R_D} \quad \cdots\cdots (2.34)$$

(2.34)式から次式が得られます。

$$R_B R_C + \cancel{R_B R_D} = R_A R_D + \cancel{R_B R_D}$$

$$R_B R_C = R_A R_D \quad \cdots\cdots (2.35)$$

検流計の指針が 0 を指すためには（電流が流れないためには）、(2.35)式の条件を満たす必要があります。これがブリッジ回路の平衡条件になります。

図 2-9 の回路は、精密抵抗測定器であるホイートストーンブリッジ（**写真 2-2**）の基本回路になっています。抵抗 R_A を未知の抵抗とすると、既知の抵抗

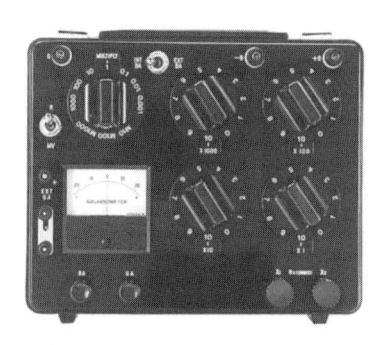

写真 2-2 市販ホイートストーンブリッジ（横河電機）

第 2 章 直流回路の構成要素と電気回路の基本構成

である R_B、R_C、R_D を可変して検流計の指針が 0 になるように調整します。

電流計の指針がちょうど 0 になったときの R_B、R_C、R_D の各抵抗値を読み取り、(2.35) 式から未知の抵抗 R_A の抵抗値を知ることができます。

すなわち、未知の抵抗 R_A は、

$$R_A = \frac{R_C}{R_D} R_B$$

から計算して求めることができます。

図 2-9 の各岐路に流れる電流を I_1、I_2 とすると、キルヒホッフの電圧則から

$$V = R_A I_1 + R_B I_1 = (R_A + R_B) I_1 \quad \cdots\cdots (2.36)$$

$$V = R_C I_2 + R_D I_2 = (R_C + R_D) I_2 \quad \cdots\cdots (2.37)$$

が得られます。

これらの式から、各電流 I_1、I_2 は、

$$I_1 = \frac{V}{R_A + R_B} \quad \cdots\cdots (2.38)$$

$$I_2 = \frac{V}{R_C + R_D} \quad \cdots\cdots (2.39)$$

となります。

解答

$$R_B R_C = R_A R_D$$

$$I_1 = \frac{V}{R_A + R_B}$$

$$I_2 = \frac{V}{R_C + R_D}$$

―第 3 章 ◇

電気回路の基本法則

　本章では、電気回路の基本法則のいくつかを説明します。これらの基本法則を理解することは非常に重要です。最初に、キルヒホッフの法則について説明します。この法則は、第 1 法則（電流則）と第 2 法則（電圧則）の二つがあります。次に、電気回路の閉路に流れる電流を解く手法の一つである網目電流法（閉路電流法）について説明します。最後に、直流回路網の定理の一つである重ねの理について説明します。

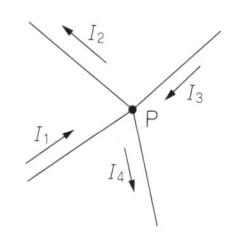

3-1　キルヒホッフの法則

　キルヒホッフの法則は、第 1 法則である電流則と第 2 法則である電圧則の二つの定理からなっています。

（1）キルヒホッフの第 1 法則（電流則）

　抵抗と直流電源が複雑に組み合わされた回路を直流回路網といいます。キルヒホッフの電流則とは、「直流回路網の任意の一点に流れ込む（または流れ出す）電流の総和は 0 である」ということです。

　図 3-1 の直流回路網があるとします。岐路 P において流れ込む電流を I_1、

図 3-1　キルヒホッフの電流則

第3章 電気回路の基本法則

I_3、流れ出す電流をI_2、I_4とすると、電流の総和は、

$$I_1 + I_3 - I_2 - I_4 = 0 \quad \cdots\cdots(3.1)$$

となります。ここで、流れ込む電流の向きを正とし、流れ出す電流の向きを負としています。また、電流の集まる点(岐路)のことを節点といいます。

直流回路網のi番目の節点の電流をI_i、節点の総数をnとすると、キルヒホッフの電流則は

$$\sum_{i=1}^{n} I_i = 0 \quad \cdots\cdots(3.2)$$

と表現することができます。

【例題3-1】

図3-2の直流回路網の節点Pにおける電流I_1、I_2、I_3が与えられている。電流I_4の値を求めなさい。

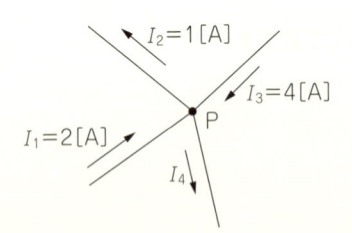

図3-2 接点Pにおける電流I_4を求める

解説

キルヒホッフの電流則から

$$I_1 + I_3 - I_2 - I_4 = 0$$

となります。回路の電流値を代入します。

$$2 + 4 - 1 - I_4 = 0$$

したがって、電流I_4は

$$I_4 = 2 + 4 - 1 = 5$$

となります。

解答

5 [A]

(2) キルヒホッフの第2法則（電圧則）

キルヒホッフの電圧則とは、(A)「直流回路網中の任意の一つの閉回路に沿って一方向に1周した起電力と抵抗の端子電圧の総和は0となる」ということです。

または、抵抗に流れる電流の向きと抵抗の両端に誘起する端子電圧の向きは逆になるので、(B)「直流回路網中の任意の一つの閉回路に沿って一方向に1周した起電力の総和と抵抗の端子電圧の総和は等しい」と表現することができます。

図3-3の閉回路があるとします。閉回路を1周する方向は、右回り（時計方向）または左回り周り（反時計方向）どちらでもかまいませんが、ここでは右回りをとります。

上記（A）の表現を式で表すと、

$$E_1 + E_2 - E_3 + R_1 I_1 + R_2 I_2 - R_3 I_3 + R_4 I_4 = 0 \quad \cdots\cdots (3.3)$$

上記（B）の表現を式で表すと

$$E_1 + E_2 - E_3 = -R_1 I_1 - R_2 I_2 + R_3 I_3 - R_4 I_4 \quad \cdots\cdots (3.4)$$

となります。

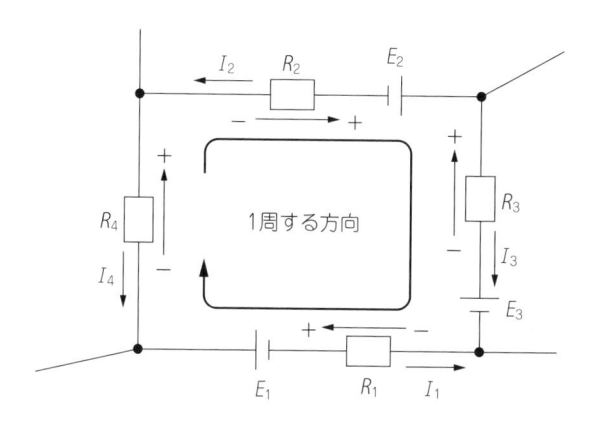

図3-3 キルヒホッフの電圧則

第3章 電気回路の基本法則

一般式で表すと、直流回路網の i 番目の起電力を E_i、その総数を m、j 番目の抵抗を R_j、それに流れる電流を I_j、その総数を n とすると、キルヒホッフの電圧則は

$$\sum_{i=1}^{m} E_i = \sum_{j=1}^{n} R_j I_j \quad \cdots\cdots (3.5)$$

と表現することができます。

【例題 3-2】
図 3-4 の直流回路網の閉回路で端子電圧 V の値を求めなさい。

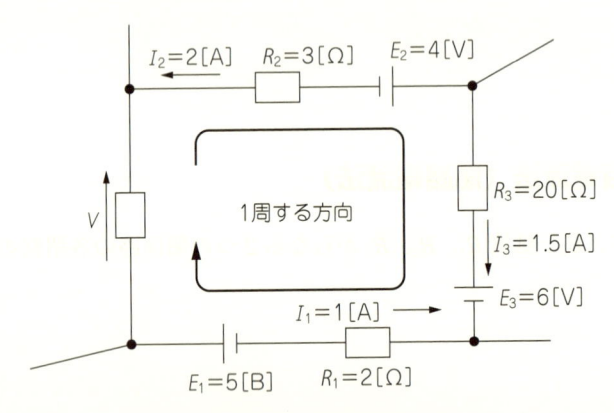

図 3-4 閉回路で端子電圧 V を求める

解説

キルヒホッフの電圧則から

　起電力の総和：$E_1 + E_2 - E_3 = 5 + 4 - 6 = 3$ [V]

　抵抗の端子電圧の総和：
　　$R_1 I_1 + R_2 I_2 - R_3 I_3 + V = 2 \times 1 + 3 \times 2 - 20 \times 1.5 + V = (-22 + V)$ [V]

　上記の (A)「起電力の総和＋抵抗の端子電圧の総和＝0」から

　　$3 + (-22 + V) = 0$

となり、端子電圧 V は

　　$V = 22 - 3 = 19$ [V]

になります。

または、上記の（B）「起電力の総和＝抵抗の端子電圧の総和」から

$E_1 + E_2 - E_3 = -R_1 I_1 - R_2 I_2 + R_3 I_3 - V$

となります。これより

$3 = 22 - V$

となり、端子電圧 V は

$V = 19 \ [\text{V}]$

になります。

解答

19 [V]

3-2 網目電流法（閉路電流法）

起電力 E_1、E_2、抵抗 R_1、R_2、R_3 からなる 2 つの閉回路の各閉路の抵抗に流れる電流 I_1、I_2、I_3 を求めます（図 3-5）。左側の閉回路に流れる閉路電流（右回り）を I_a、右側の閉回路に流れる閉路電流（左回り）を I_b とします。

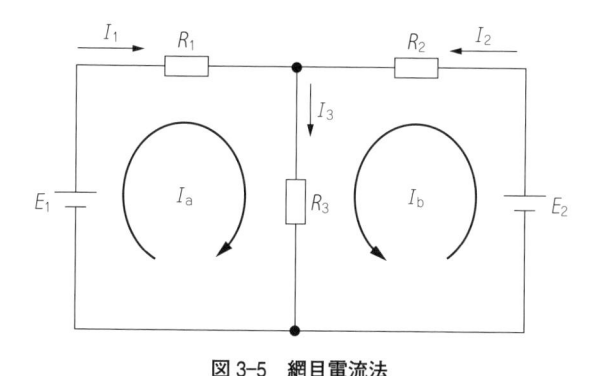

図 3-5　網目電流法

各抵抗に流れる電流 I_1、I_2、I_3 は閉路電流 I_a、I_b を用いて

$I_1 = I_a$ ……(3.6)

$I_2 = I_b$ ……(3.7)

$$I_3 = I_a + I_b \quad \cdots\cdots (3.8)$$

と表すことができます。

閉路電流 I_a と I_b について、各閉路においてキルヒホッフの電圧則を適用すると、

$$E_1 = R_1 I_1 + R_3 I_3 = R_1 I_a + R_3 (I_a + I_b) = (R_1 + R_3) I_a + R_3 I_b \quad \cdots\cdots (3.9)$$

$$E_2 = R_2 I_2 + R_3 I_3 = R_2 I_b + R_3 (I_a + I_b) = R_3 I_a + (R_2 + R_3) I_b \quad \cdots\cdots (3.10)$$

となります。

次に、消去法により(3.9)式と(3.10)式を解いて I_a, I_b を求める方法を説明します。

(3.9)式 × $(R_2 + R_3)$ − (3.10)式 × R_3 から、I_b を消去して I_a を求めます。

$$(R_2 + R_3) E_1 = (R_2 + R_3)(R_1 + R_3) I_a + (R_2 + R_3) R_3 I_b \quad \cdots\cdots (3.11)$$

$$R_3 E_2 = R_3^2 I_a + R_3 (R_2 + R_3) I_b \quad \cdots\cdots (3.12)$$

(3.11)式 − (3.12)式をとると、

$$
\begin{array}{r}
(R_2 + R_3) E_1 = (R_2 + R_3)(R_1 + R_3) I_a + \cancel{(R_2 + R_3) R_3 I_b} \\
-)\quad R_3 E_2 = R_3^2 I_a + \cancel{R_3 (R_2 + R_3) I_b} \\
\hline
(R_2 + R_3) E_1 - R_3 E_2 = \{(R_2 + R_3)(R_1 + R_3) - R_3^2\} I_a
\end{array}
$$

となります。

これより、I_a は

$$I_a = \frac{(R_2 + R_3) E_1 - R_3 E_2}{R_1 R_2 + R_2 R_3 + R_3 R_1} \quad \cdots\cdots (3.13)$$

が得られます。

同様に、(3.9)式 × R_3 − (3.10)式 × $(R_1 + R_3)$ から、I_a を消去して I_b を求めます。

$$
\begin{array}{r}
R_3 E_1 = \cancel{R_3 (R_1 + R_3) I_a} + R_3^2 I_b \\
-)\quad (R_1 + R_3) E_2 = \cancel{(R_1 + R_3) R_3 I_a} + (R_1 + R_3)(R_2 + R_3) I_b \\
\hline
R_3 E_1 - (R_1 + R_3) E_2 = \{R_3^2 - (R_1 + R_3)(R_2 + R_3)\} I_a
\end{array}
$$

となります。

これより、I_b は

$$I_b = \frac{(R+R_3)E_2 - R_3 E_1}{R_1 R_2 + R_2 R_3 + R_3 R_1} \quad \cdots\cdots (3.14)$$

が得られます。

最後に、I_a と I_b が求まったので、(3.6)、(3.7)、(3.8)式に I_a と I_b を代入して電流 I_1、I_2、I_3 を求めることができます。

このように、各閉回路の電流を求める手法を網目電流法または閉路電流法といいます。

【例題 3-3】

起電力 E_1、E_2、抵抗 R_1、R_2、R_3 からなる2つの閉回路の各閉路の抵抗に流れる電流 I_1、I_2、I_3 をキルヒホッフの電流則と電圧則、および網目電流法によって求めなさい（図 3-6）。

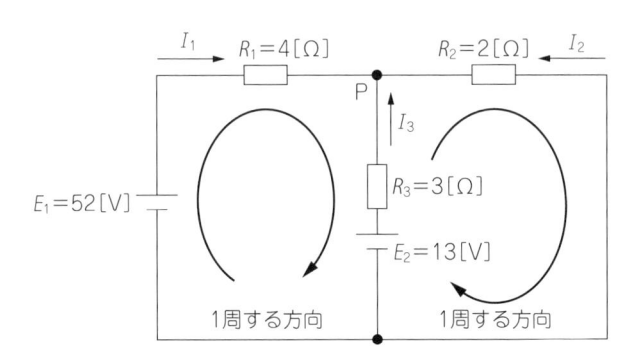

図 3-6　電流 I_1、I_2、I_3 を求める

解説

〈キルヒホッフの電流則と電圧則〉

回路の節点 P にキルヒホッフの電流則を適用します。

$I_1 + I_2 + I_3 = 0 \quad \cdots\cdots (3.15)$

次に、左側の閉回路と右側の閉回路にキルヒホッフの電圧則を適用します。1周する方向を右回りで考えます。

左側の閉回路：$52 - 13 = 4I_1 - 3I_3 \quad \cdots\cdots (3.16)$

右側の閉回路：$13 = 3I_3 - 2I_2$　……(3.17)

(3.15)式から

$I_3 = -(I_1 + I_2)$

とし、これを(3.16)式と(3.17)式に代入します。

$39 = 4I_1 + 3(I_1 + I_2) = 7I_1 + 3I_2$　……(3.18)

$13 = -3(I_1 + I_2) - 2I_2 = -3I_1 - 5I_2$　……(3.19)

両式から、消去法により I_1 と I_2 を求めます。すなわち、(3.18)式×5＋(3.19)式×3 とします。

$$5 \times 39 = 5 \times 7I_1 + \cancel{5 \times 3I_2}$$
$$+)\ 3 \times 13 = -3 \times 3I_1 - \cancel{3 \times 5I_2}$$
$$\overline{234 = 26I_1}$$

これより、電流 I_1 は

$$I_1 = \frac{234}{26} = 9\ [\text{A}]$$

となります。この $I_1 = 9$ を(3.19)式〔または(3.18)式〕に代入します。

$13 = -3 \times 9 - 5I_2 = -27 - 5I_2$

これより、電流 I_2 は

$$I_2 = \frac{-27 - 13}{5} = -8\ [\text{A}]$$

となります。

最後に、$I_3 = -(I_1 + I_2)$ から電流 I_3 を求めます。

$I_3 = -(I_1 + I_2) = -(9 - 8) = -1\ [\text{A}]$

〈網目電流法〉

左側の閉回路に流れる閉路電流を I_a、右側の閉回路に流れる閉路電流を I_b とします（図3-7）。どちらも右回りの閉路電流とします。

各抵抗に流れる電流 I_1, I_2, I_3 は閉路電流 I_a, I_b を用いて

$I_1 = I_a$　……(3.20)

$I_2 = -I_b$　……(3.21)

$I_3 = I_b - I_a$　……(3.22)

3-2 網目電流法（閉路電流法）

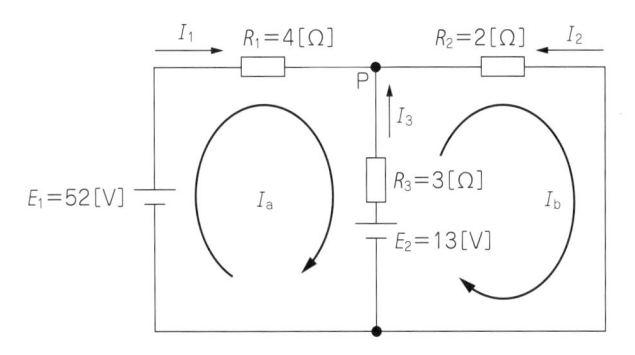

図 3-7　網目電流法で電流 I_1、I_2、I_3 を求める

と表すことができます。

閉路電流 I_a と I_b について、各閉路においてキルヒホッフの電圧則を適用すると、

$$52 - 13 = 4I_1 - 3I_3 = 4I_a - 3(I_b - I_a) = 7I_a - 3I_b \quad \cdots\cdots (3.23)$$
$$13 = -2I_2 + 3I_3 = 2I_b + 3(I_b - I_a) = -3I_a + 5I_b \quad \cdots\cdots (3.24)$$

となります。

両式から、消去法により I_a と I_b を求めます。すなわち、式(3.23)×5＋式(3.24)×3 とします。

$$5 \times 39 = 5 \times 7I_a - \cancel{5 \times 3I_b}$$
$$+) \quad 3 \times 13 = -3 \times 3I_a + \cancel{3 \times 5I_b}$$
$$\overline{\qquad\qquad 234 = 26I_a \qquad\qquad}$$

これより、I_a は

$$I_a = \frac{234}{26} = 9 \text{ [A]}$$

となります。この $I_a = 9$ を(3.24)式〔または(3.23)式〕に代入します。

$$13 = -3 \times 9 + 5I_b$$

これより、電流 I_b は

$$I_b = \frac{27 + 13}{5} = 8 \text{ [A]}$$

となります。最後に、各抵抗に流れる電流 I_1、I_2、I_3 は、(3.20)式、(3.21)式、

第3章 電気回路の基本法則

(3.22)式から

$I_1 = I_a = 9$ [A]

$I_2 = -I_b = -8$ [A]

$I_3 = I_b - I_a = 8 - 9 = -1$ [A]

これらの計算結果は、キルヒホッフの電流則と電圧則で求めた値と一致します。なお、I_2 と I_3 の電流値の符号がマイナス（−）になるのは、図3-6と図3-7の I_2 と I_3 の矢印の方向と逆向きに電流が流れることを意味します。

解答

$I_1 = 9$ [V]、$I_2 = -8$ [A]、$I_3 = -1$ [A]

3-3 重ねの理

重ねの理とは、「電源が多数ある回路網における各岐路の電流は、電源が一つだけあって他の電源を0にしたときに流れる電流の代数和に等しい」というものです。この定理は、"重ねの定理" または "重ね合わせの定理" ともいいます。この定理は、電圧と電流が比例関係にある場合、すなわち、オームの法則が成り立つことが基本となっています。

電源が二つある2電源回路について説明します（図3-8）。

同図(a)の元の回路を、同図(b)と(c)の二つに分けて考えます。同図(b)は電源 E_2 を短絡した場合で、同図(c)は電源 E_1 を短絡した場合です。

最初に、同図(b)の回路の各岐路を流れる電流 I_1'、I_2'、I_3' を求めます。電

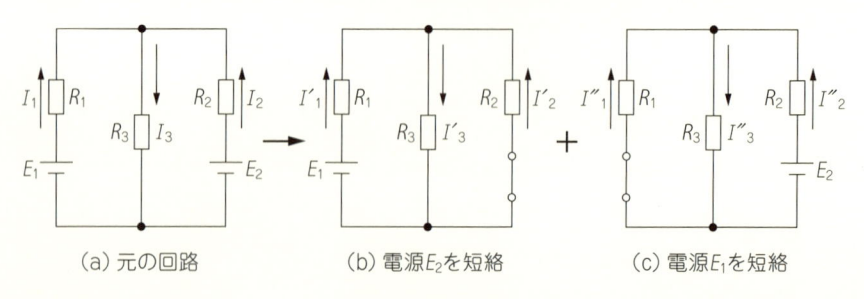

(a) 元の回路　　(b) 電源E_2を短絡　　(c) 電源E_1を短絡

図3-8　重ねの理

源 E_1 に抵抗が直並列接続した回路になります。

$$I_1' = \frac{E_1}{R_1 + \dfrac{R_2 R_3}{R_2 + R_3}} = \frac{(R_2 + R_3)E_1}{R_1 R_2 + R_1 R_3 + R_2 R_3} \quad \cdots\cdots(3.25)$$

$$I_2' = -\frac{R_3}{R_2 + R_3} I_1' = -\frac{R_3 E_1}{R_1 R_2 + R_1 R_3 + R_2 R_3} \quad \cdots\cdots(3.26)$$

$$I_3' = \frac{R_2}{R_2 + R_3} I_1' = \frac{R_2 E_1}{R_1 R_2 + R_1 R_3 + R_2 R_3} \quad \cdots\cdots(3.27)$$

(3.26)式と(3.27)式は電流の分流から求めます。

次に、同図(c)の回路の各岐路を流れる電流 I_1''、I_2''、I_3'' を求めます。同様に、電源 E_2 に抵抗が直並列接続した回路になります。

$$I_2'' = \frac{E_2}{R_2 + \dfrac{R_1 R_3}{R_1 + R_3}} = \frac{(R_1 + R_3)E_2}{R_1 R_2 + R_2 R_3 + R_1 R_3} \quad \cdots\cdots(3.28)$$

$$I_1'' = -\frac{R_3}{R_1 + R_3} I_2'' = -\frac{R_3 E_2}{R_1 R_2 + R_2 R_3 + R_1 R_3} \quad \cdots\cdots(3.29)$$

$$I_3'' = \frac{R_1}{R_1 + R_3} I_2'' = \frac{R_1 E_2}{R_1 R_2 + R_2 R_3 + R_1 R_3} \quad \cdots\cdots(3.30)$$

(3.29)式と(3.30)式は同様に電流の分流から求める。

最後に、元の回路〔同図(a)〕の各岐路を流れる電流 I_1、I_2、I_3 は、同図(b)と(c)の各電流を加え合わせて求めます。

$$I_1 = I_1' + I_1'' = \frac{(R_2 + R_3)E_1}{R_1 R_2 + R_1 R_3 + R_2 R_3} - \frac{R_3 E_2}{R_1 R_2 + R_2 R_3 + R_1 R_3}$$

$$= \frac{(R_2 + R_3)E_1 - R_3 E_2}{R_1 R_2 + R_1 R_3 + R_2 R_3} \quad \cdots\cdots(3.31)$$

$$I_2 = I_2' + I_2'' = -\frac{R_3 E_1}{R_1 R_2 + R_1 R_3 + R_2 R_3} + \frac{(R_1 + R_3)E_2}{R_1 R_2 + R_2 R_3 + R_1 R_3}$$

$$= \frac{(R_1 + R_3)E_2 - R_3 E_1}{R_1 R_2 + R_1 R_3 + R_2 R} \quad \cdots\cdots(3.32)$$

第 3 章　電気回路の基本法則

$$I_3 = I_3' + I_3'' = \frac{R_2 E_1}{R_1 R_2 + R_1 R_3 + R_2 R_3} + \frac{R_1 E_2}{R_1 R_2 + R_2 R_3 + R_1 R_3}$$

$$= \frac{R_2 E_1 + R_1 E_2}{R_1 R_2 + R_1 R_3 + R_2 R_3} \quad \cdots\cdots (3.33)$$

【例題 3-4】

図 3-9 の 2 電源回路の各岐路を流れる電流 I_1、I_2、I_3 を重ねの理を用いて求めなさい。

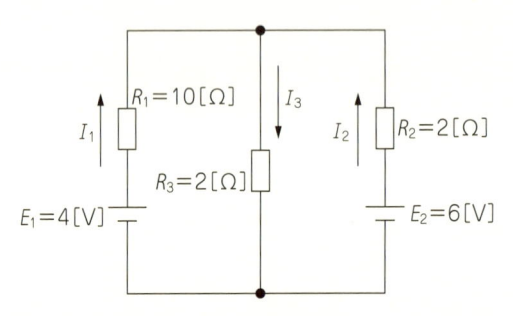

図 3-9　重ねの理を用いて岐路電流 I_1、I_2、I_3 を求める

解説

回路図は図 3-8 と同じなので、(3.31)式、(3.32)式、(3.33)式から岐路電流 I_1、I_2、I_3 を求めます。

$$I_1 = \frac{(R_2 + R_3)E_1 - R_3 E_2}{R_1 R_2 + R_1 R_3 + R_2 R_3} = \frac{(2+2) \times 4 - 2 \times 6}{10 \times 2 + 10 \times 2 + 2 \times 2} = 0.091 \ [\text{A}]$$

$$I_2 = \frac{(R_1 + R_3)E_2 - R_3 E_1}{R_1 R_2 + R_1 R_3 + R_2 R} = \frac{(10+2) \times 6 - 2 \times 4}{10 \times 2 + 10 \times 2 + 2 \times 2} = 1.455 \ [\text{A}]$$

$$I_3 = \frac{R_2 E_1 + R_1 E_2}{R_1 R_2 + R_1 R_3 + R_2 R_3} = \frac{2 \times 4 + 10 \times 6}{10 \times 2 + 10 \times 2 + 2 \times 2} = 1.545 \ [\text{A}]$$

また、計算結果から

$I_1 + I_2 = 0.091 + 1.455 = 1.546 \ [\text{A}]$

(注記：四捨五入したものを加え合わせているため正確には 1.545 にならない)

となり、$I_1 + I_2 = I_3$ となることがわかります。

解答

$I_1 = 0.091$ [A]

$I_2 = 1.455$ [A]

$I_3 = 1.545$ [A]

第4章 ◇ 鳳・テブナンの定理

　直流回路網の諸定理の一つである鳳・テブナンの定理と適用例について説明します。最初に、基本的な電気回路を用いて鳳・テブナンの定理について説明します。次に、例題を用いて鳳・テブナンの定理の具体的な適用法について説明します。次に、最大電力の供給原理について説明します。最後に、最大電力の供給と鳳・テブナンの定理の関係について説明します。

4-1　鳳・テブナンの定理の基本

　複数の電源を含む一つの回路網があるとします。この回路網の端子a–b間に抵抗 R を接続します（図4-1）。このとき、この抵抗 R に流れる電流 I を求めます。

- 抵抗 R を取り除いて端子a–b間を開放します。端子a–b間に生じる開放電圧を V_0 とします（図4-2）。
- 回路網の中のすべての電源の起電力を短絡して0とします。端子a–b間から回路網を見たときの抵抗を R_0 とします（図4-3）。
- 抵抗 R_0 に等しい内部抵抗を直列にもった開放電圧 V_0 に等しい起電力 E_0

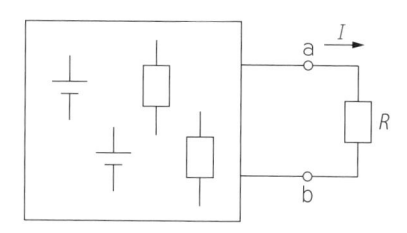

図4-1　鳳・テブナンの定理の説明（その1）

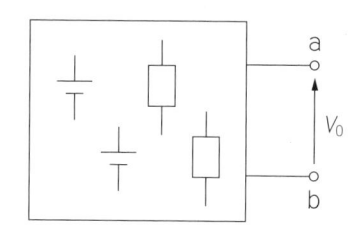

図4-2　鳳・テブナンの定理の説明（その2）

第4章　鳳・テブナンの定理

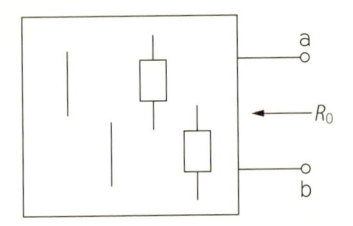

図 4-3　鳳・テブナンの定理の説明（その 3）

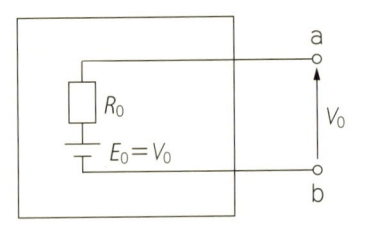

図 4-4　鳳・テブナンの定理の説明（その 4）

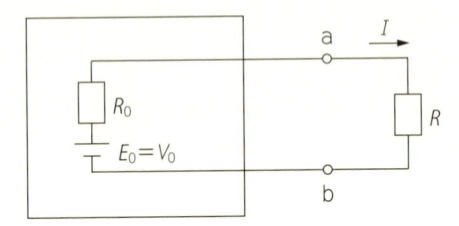

図 4-5　鳳・テブナンの定理の説明（その 5）

をもった等価電源を考えます（**図 4-4**）。
- 等価電源の端子 ab 間に抵抗 R を接続したときに流れる電流 I が図 4-1 の電流 I と等しくなります（**図 4-5**）。

このとき、抵抗 R に流れる電流 I は、

$$I = \frac{E_0}{R_0 + R} \quad \cdots\cdots(4.1)$$

となります。

これが鳳・テブナンの定理です。

4-2　鳳・テブナンの定理の適用

鳳・テブナンの定理の具体的な適用例について説明します。

図 4-6 に示す回路の抵抗 R_3 に流れる電流 I を鳳・テブナンの定理を使って求めてみます。

最初に、抵抗 R_3 を切り離し、端子 a–b 間で鳳・テブナンの定理を適用します（**図 4-7**）。すなわち、抵抗 R_3 を取り除いて端子 a–b 間を開放します。

4-2 鳳・テブナンの定理の適用

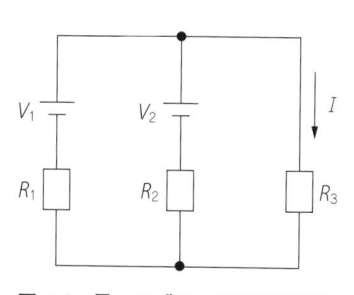

図 4-6　鳳・テブナンの定理の適用
　　　（その 1）

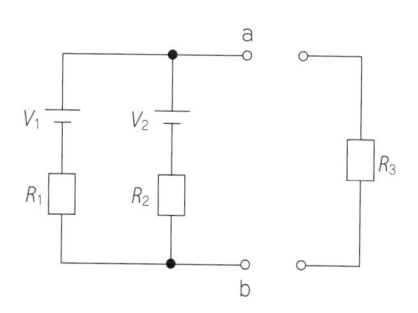

図 4-7　鳳・テブナンの定理の適用
　　　（その 2）

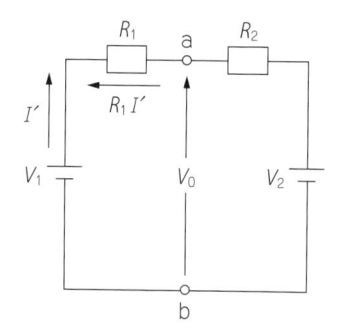

図 4-8　鳳・テブナンの定理の適用
　　　（その 3）

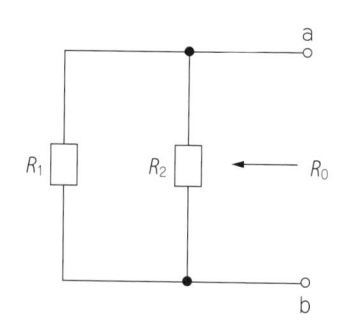

図 4-9　鳳・テブナンの定理の適用
　　　（その 4）

開放電圧 V_0 を求めます。図 4-7 の回路を**図 4-8** のように書き直します。次式が得られます。

$$V_0 = V_1 - R_1 I'$$

ここで、$I' = \dfrac{V_1 - V_2}{R_1 + R_2}$ です。これを上の式に代入します。

$$V_0 = V_1 - R_1 I' = V_1 - R_1 \frac{V_1 - V_2}{R_1 + R_2} = \frac{\cancel{R_1 V_1} + R_2 V_1 - \cancel{R_1 V_1} + R_1 V_2}{R_1 + R_2}$$

$$= \frac{R_2 V_1 + R_1 V_2}{R_1 + R_2} \quad \cdots\cdots (4.2)$$

次に、回路の電源 V_1 と V_2 を短絡して 0 とし、端子 a–b から見た抵抗 R_0 を求めます。**図 4-9** の回路になります。

抵抗 R_0 は抵抗 R_1 と R_2 の並列接続の合成抵抗に等しくなります。

$$R_0 = \frac{R_1 R_2}{R_1 + R_2} \quad \cdots\cdots (4.3)$$

以上のことから、端子 a–b から見た回路は、内部抵抗 $R_0 = \dfrac{R_1 R_2}{R_1 + R_2}$ を直列にもった開放電圧 $V_0 = \dfrac{R_2 V_1 + R_1 V_2}{R_1 + R_2}$ に等しい等価電源 E_0 をもった回路と考えることができます（図 4.10）。したがって、端子 ab 間に抵抗 R_3 を接続したときの電流 I は、(4.1)式から

$$I = \frac{E_0}{R_0 + R} = \frac{R_2 V_1 + R_1 V_2}{R_1 + R_2} \cdot \frac{1}{\dfrac{R_1 R_2}{R_1 + R_2} + R_3} = \frac{R_2 V_1 + R_1 V_2}{R_1 R_2 + R_1 R_3 + R_2 R_3}$$

$$\cdots\cdots (4.4)$$

が得られます。

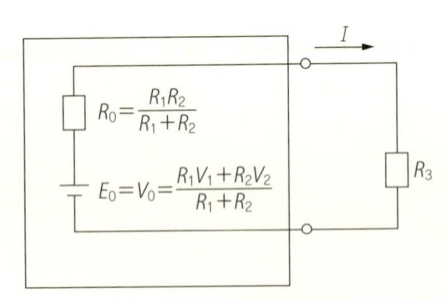

図 4-10　鳳・テブナンの定理の適用（その 5）

【例題 4-1】

図 4-11 の直流回路においてスイッチ S を閉じたときに、抵抗 r に流れる電流を鳳・テブナンの定理を用いて求めなさい。

解説

スイッチ S を開いたときにスイッチの端子 a–b から見た開放電圧 V_0 は、P

4-2 鳳・テブナンの定理の適用

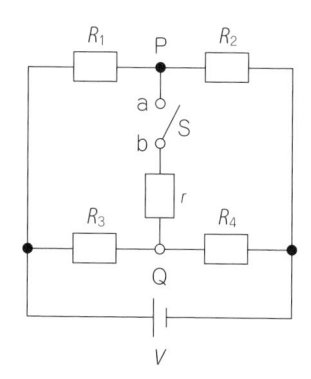

図 4-11 スイッチ S を含む直流回路

点と Q 点の電位差になります。

すなわち、

$$V_0 = V_P - V_Q = \frac{R_2}{R_1 + R_2} V - \frac{R_4}{R_3 + R_4} V = \left(\frac{R_2}{R_1 + R_2} - \frac{R_4}{R_3 + R_4} \right) V$$

……(4.5)

次に、電源 V を 0 として短絡すると、端子 a–b から見た回路は図 4-12 のように書き換えることができます。端子 a–b から見た合成抵抗を R_0 とすると、

$$R_0 = \frac{R_1 R_2}{R_1 + R_2} + \frac{R_3 R_4}{R_3 + R_4} \quad \cdots\cdots (4.6)$$

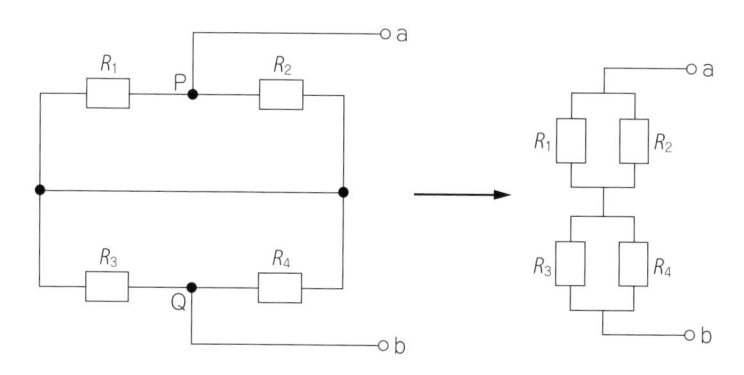

図 4-12 電源 V を 0 として短絡したときの端子 a–b から見た回路

が得られます。

したがって、端子 a–b（節点 P–Q）から見た回路は、内部抵抗 $R_0 = \dfrac{R_1 R_2}{R_1 + R_2} + \dfrac{R_3 R_4}{R_3 + R_4}$ を直列にもった開放電圧 $V_0 = \left(\dfrac{R_2}{R_1 + R_2} - \dfrac{R_4}{R_3 + R_4}\right)V$ に等しい等価電源 E_0 をもった回路と考えることができます。スイッチ S を閉じて抵抗 r を挿入したときに、抵抗 r に流れる電流は、(4.1)式から

$$I = \frac{E_0}{R_0 + R} = \frac{\left(\dfrac{R_2}{R_1 + R_2} - \dfrac{R_4}{R_3 + R_4}\right)V}{\left(\dfrac{R_1 R_2}{R_1 + R_2} + \dfrac{R_3 R_4}{R_3 + R_4}\right) + r} \quad \cdots\cdots(4.7)$$

となります。

解答

$$I = \frac{\left(\dfrac{R_2}{R_1 + R_2} - \dfrac{R_4}{R_3 + R_4}\right)V}{\left(\dfrac{R_1 R_2}{R_1 + R_2} + \dfrac{R_3 R_4}{R_3 + R_4}\right) + r}$$

4-3 最大電力の供給

最大電力の供給について説明します。最大電力の整合ともいいます。

図 4-13 の直流回路で、抵抗 R を可変して抵抗 R で消費される電力 P が最大となる条件を求めます。

回路に流れる電流 I は、オームの法則から

$$I = \frac{E}{R_0 + R} \quad \cdots\cdots(4.8)$$

です。

抵抗 R で消費される電力 P は

4-3 最大電力の供給

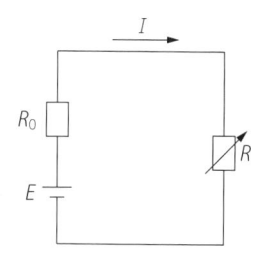

図 4-13 最大電力の供給

$$P = I^2 R = \left(\frac{E}{R_0 + R}\right)^2 R = \frac{E^2 R}{(R_0 + R)^2} \quad \cdots\cdots (4.9)$$

となります。

電力 P の最大条件を求める方法として、電力 P を抵抗 R の関数として扱い、電力 P の微分値の変化を調べる方法があります。すなわち、関数 $y = f(x)$ の最大値、最小値を求めるときに、微分値 $\dfrac{dy}{dx}$ を求めて、その微分値がちょうど 0 になるところが、関数 y が最大または最小になるという方法です（**図 4-14**）。

(4.9)式の電力 P を抵抗 R の関数として、

$$P(R) = \frac{E^2 R}{(R_0 + R)^2} \quad \cdots\cdots (4.10)$$

とおきます。

ここで、関数 $y = f(x)$ が次のように商で与えられるとき、微分の公式があ

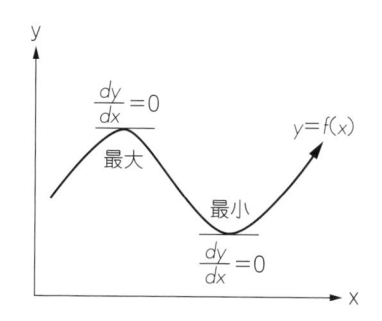

図 4-14 関数 $y = f(x)$ の最大値と最小値

ります。

$$y = f(x) = \frac{u(x)}{v(x)} \quad \cdots\cdots (4.11)$$

微分の式は、次式となります。

$$\frac{dy}{dx} = \frac{v(x)\dfrac{du(x)}{dx} - u(x)\dfrac{dv(x)}{dx}}{v(x)^2} \quad \cdots\cdots (4.12)$$

(4.10)式を公式に当てはめます。分子と分母を次のようにおきます。

$u(R) = E^2 R$

$v(R) = (R_0 + R)^2$

それぞれの微分は次のようになります。

$$\frac{du(R)}{dR} = E^2$$

$$\frac{dv(R)}{dR} = 2R_0 + 2R$$

よって、(4.12)式は次のようになります。

$$\frac{dP}{dR} = \frac{(R_0+R)^2 E^2 - E^2 R \cdot 2(R_0+R)}{(R_0+R)^4} = \frac{(R_0+R)E^2 - 2E^2 R}{(R_0+R)^3}$$

$$= \frac{R_0 E^2 - RE^2}{(R_0+R)^3} = \frac{E^2(R_0-R)}{(R_0+R)^3} \quad \cdots\cdots (4.13)$$

ここで、$\dfrac{dP}{dR} = 0$ となるためには、分母の値にかかわらず分子が0のときです。E^2 は一定なので、$R_0 - R = 0$ のときです。

すなわち、

$R = R_0$ ……(4.14)

のとき、電力 P は最大になります。

電力最大の条件は、鳳・テブナンの定理に適用することができます。すなわち、図4-5の回路で抵抗 R で消費される電力が最大になる条件は、$R = R_0$ のときであるといえます。

【例題 4-2】

図 4-6 の直流回路で、抵抗 R_3 で消費される電力 P が最大になる R_3 の値を求めなさい。また、このときの最大電力 P_{max} を求めなさい。ただし、$V_1 = 50$ [V]、$V_2 = 40$ [V]、$R_1 = 10$ [Ω]、$R_2 = 15$ [Ω] とする。

解説

(4.2)式から、端子 ab の開放電圧 V_0 を求めます。

$$V_0 = \frac{R_2 V_1 + R_1 V_2}{R_1 + R_2} = \frac{15 \times 50 + 10 \times 40}{10 + 15} = 46 \text{ [V]}$$

(4.3)式から、端子 ab から見た抵抗 R_0 を求めます。

$$R_0 = \frac{R_1 R_2}{R_1 + R_2} = \frac{10 \times 15}{10 + 15} = 6 \text{ [Ω]}$$

抵抗 R_3 で消費される電力 P が最大になるためには、(4.14)式から

$$R_3 = R_0 = 6 \text{ [Ω]}$$

となります。

このとき、抵抗 R_3 に流れる電流 I は、(4.4)式から

$$I = \frac{R_2 V_1 + R_1 V_2}{R_1 R_2 + R_1 R_3 + R_2 R_3} = \frac{15 \times 50 + 10 \times 40}{10 \times 15 + 10 \times 6 + 15 \times 6} = 3.833 \text{ [A]}$$

となります。

最大電力 P_{max} は、

$$P_{max} = I^2 R_3 = 4.167^2 \times 6 = 88.15 \text{ [W]}$$

となります。

解答

$R_3 = 6$ [Ω]、$P_{max} = 88.15$ [W]

第 5 章

交流回路の基本—その1

　第1章から第4章までは直流回路の基本法則を中心に説明しました。本章以降は交流回路について取り扱います。直流回路で説明した諸定理は交流回路でも成り立ちます。これらの諸定理を説明する前に、本章では交流回路の基本として最初に、複素数表示と極表示について説明します。例題を通してこれらの表示法を理解します。極表示は、交流回路では特にフェーザ表示と呼んでいます。

5-1　複素数と極表示

　横軸を実数軸、縦軸を虚数軸にとった平面を複素平面またはガウス平面といいます（図5-1）。そして、この平面上の1点を複素数といいます。

　複素数は次式のように表します。複素数の表記は、$\dot{C}$ のように頭に "•"（ドット）をつけます。X は実数成分または実数部で、Y は虚数成分です。j は虚数単位で $j = \sqrt{-1}$ を意味し、jY は虚数部といいます。

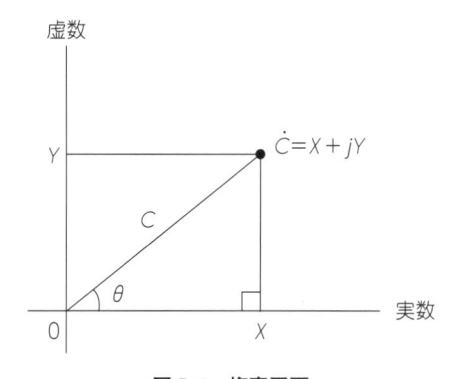

図 5-1　複素平面

第 5 章　交流回路の基本―その 1

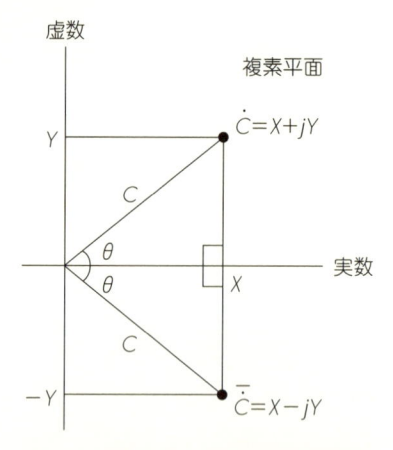

図 5-2　複素平面（共役複素数を表記）

$$\dot{C} = X + jY \quad \cdots\cdots(5.1)$$

複素数はまた、図 5-1 から次のように表現することができます。この表示法を極表示、交流回路ではフェーザ表示といいます。C は複素数 $\dot{C}$ の大きさ、または絶対値といいます。θ は偏角といい、交流回路では位相角またはインピーダンス角といいます。

$$\dot{C} = C\angle\theta \quad \cdots\cdots(5.2)$$

複素数 $\dot{C}$ の虚数部の符号を反転したものを共役複素数といい、次式で表します。共役複素数を表示した複素平面を**図 5-2** に示します。図 5-1 と見比べてください。虚数部が反転した表示になっています。

$$\overline{C} = X - jY = C\angle-\theta \quad \cdots\cdots(5.3)$$

5-2　複素数表示と極表示の関係

複素数から極表示（フェーザ表示）に、極表示（フェーザ表示）から複素数にするには、**図 5-3** に示すような直角三角形で考えます。

複素数 $\dot{C} = X + jY$ を極表示にするには次のようにします。

$$\dot{C} = X + jY = \sqrt{X^2 + Y^2} \angle \tan^{-1}\frac{Y}{X} = C\angle\theta \quad \cdots\cdots(5.4)$$

5-2 複素数表示と極表示の関係

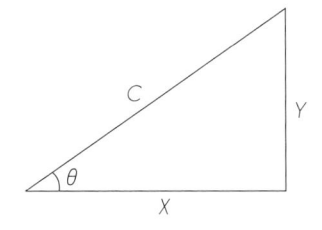

図 5-3 $\dot{C}$ を直角三角形で表す

ここで、$\theta = \tan^{-1}\dfrac{Y}{X}$ となります。

また、極表示を複素数にするには次のようにします。

$\dot{C} = C \angle \theta = C \cos \theta + jC \sin \theta \equiv X + jY$ ……(5.5)

ここで、$X = C \cos \theta$、$Y = C \sin \theta$ となります。

【例題 5-1】

次の複素数表示を極表示に書き換えなさい。また、$\dot{Z}$ を複素平面（方眼紙）に作図しなさい。

① $\dot{Z} = 2 + j\,3$
② $\dot{Z} = 5 - j\,10$

解説

(5.4)式を使います。

① $\dot{Z} = 2 + j\,3 = \sqrt{2^2 + 3^2} \angle \tan^{-1}\dfrac{3}{2} = 3.61 \angle \tan^{-1} 1.5 = 3.61 \angle 56.3°$

② $\dot{Z} = 5 - j\,10 = \sqrt{5^2 + 10^2} \angle -\tan^{-1}\dfrac{10}{5} = 11.18 \angle -\tan^{-1} 2$

$\qquad = 11.18 \angle -63.4°$

解答

① $\dot{Z} = 3.61 \angle 56.3°$（図 5-4）

第 5 章　交流回路の基本—その 1

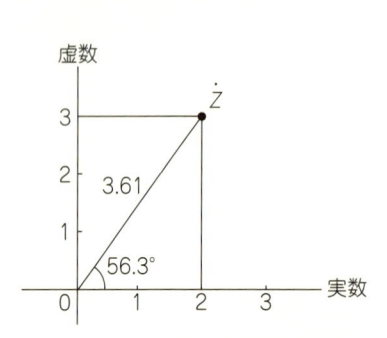

図 5-4　$\dot{Z}=2+j\,3$ を複素平面に作図する

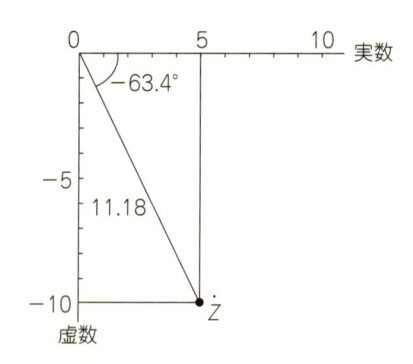

図 5-5　$\dot{Z}=5-j\,10$ を複素平面に作図する

② $\dot{Z}=11.18\angle-63.4°$　（図 5-5）

【例題 5-2】

次の極表示を複素数表示に書き換えなさい。また、$\dot{Z}$ を複素平面（方眼紙）に作図しなさい。

① $\dot{Z}=2\angle 60°$
② $\dot{Z}=14\angle-35°$

解説

(5.5)式を使います。

① $\dot{Z}=2\angle 60°=2\cos 60°+j\,2\sin 60°=1+j\,1.73$
② $\dot{Z}=14\angle-35°=14\cos 35°-j\,14\sin 35°=11.47-j\,8.03$

解答

① $\dot{Z}=1+j\,1.73$　（図 5.6）
② $\dot{Z}=11.47-j\,8.03$　（図 5.7）

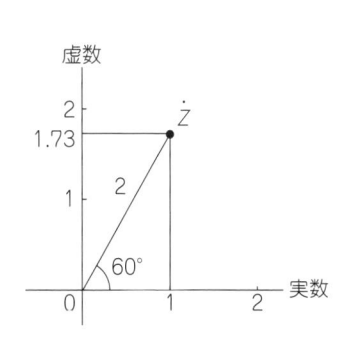

図 5-6 $\dot{Z}=2\angle 60°$ を複素平面に作図する

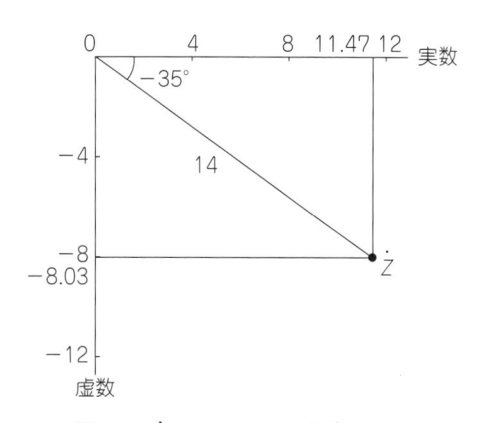

図 5-7 $\dot{Z}=14\angle -35°$ を複素平面に作図する

5-3 複素数表示または極表示の加減算、乗算、除算

複素数表示または極表示の加減算、乗算、除算について説明します。

複素数または極表示の $\dot{C_1}$ と $\dot{C_2}$ があるとします。

（1）加減算

加減算する場合は、極表示では計算できないので複素数表示で計算します。

・和の場合：

$$\dot{C} = \dot{C_1} + \dot{C_2}$$
$$= (X_1 + jY_1) + (X_2 + jY_2) = (X_1 + X_2) + j(Y_1 + Y_2) \equiv X + jY \quad \cdots\cdots(5.6)$$

・差の場合：

$$\dot{C} = \dot{C_1} - \dot{C_2}$$
$$= (X_1 + jY_1) - (X_2 + jY_2) = (X_1 - X_2) + j(Y_1 - Y_2) \equiv X + jY \quad \cdots\cdots(5.7)$$

（2）乗算

・複素数表示の場合：

$$\dot{C} = \dot{C_1}\dot{C_2}$$
$$= (X_1 + jY_1)(X_2 + jY_2) = (X_1 X_2 - Y_1 Y_2) + j(X_2 Y_1 + X_1 Y_2) \equiv X + jY$$
$$\cdots\cdots(5.8)$$

・極表示の場合：

$$\dot{C} = \dot{C}_1 \dot{C}_2$$
$$= C_1 \angle \theta_1 \times C_2 \angle \theta_2 = C_1 C_2 \angle (\theta_1 + \theta_2) \equiv C \angle \theta \quad \cdots\cdots (5.9)$$

(3) 除算

・複素数表示の場合

$$\dot{C} = \frac{\dot{C}_1}{\dot{C}_2} = \frac{X_1 + jY_1}{X_2 + jY_2} = \frac{(X_1 + jY_1)(X_2 - jY_2)}{(X_2 + jY_2)(X_2 - jY_2)}$$

$$= \frac{(X_1 X_2 + Y_1 Y_2) + j(X_2 Y_1 - X_1 Y_2)}{X_2^2 + Y_2^2} = \frac{X_1 X_2 + Y_1 Y_2}{X_2^2 + Y_2^2} + j\frac{X_2 Y_1 - X_1 Y_2}{X_2^2 + Y_2^2}$$

$$\equiv X + jY \quad \cdots\cdots (5.10)$$

・極表示の場合

$$\dot{C} = \frac{\dot{C}_1}{\dot{C}_2} = \frac{C_1 \angle \theta_1}{C_2 \angle \theta_2} = \frac{C_1}{C_2} \angle (\theta_1 - \theta_2) \equiv C \angle \theta \quad \cdots\cdots (5.11)$$

【例題 5-3】

複素数 $\dot{C}_1 = 3 + j5$ と $\dot{C}_2 = 2 - j3$ の和 $\dot{C}_3$ と差 $\dot{C}_4$ を求めなさい。

解説

和：$\dot{C}_3 = \dot{C}_1 + \dot{C}_2 = (3 + j5) + (2 - j3) = 5 + j2$

差：$\dot{C}_4 = \dot{C}_1 - \dot{C}_2 = (3 + j5) - (2 - j3) = 1 + j7$

解答

$\dot{C}_3 = 5 + j2$、 $\dot{C}_4 = 1 + j7$

【例題 5-4】

極表示 $\dot{C}_1 = 50 \angle 60°$ と $\dot{C}_1 = 50 \angle -60°$ の和 $\dot{C}_3$ と差 $\dot{C}_4$ を求めなさい。

解説

極表示のままでは加減算はできないので、複素数表示にしてから計算します。

$\dot{C}_1 = 50 \angle 60° = 50 \cos 60° + j50 \sin 60° = 25 + j43.3$

$\dot{C}_2 = 50 \angle -60° = 50\cos(-60°) + j\,50\sin(-60°) = 25 - j\,43.3$

和：$\dot{C}_3 = \dot{C}_1 + \dot{C}_2 = (25 + j\,43.3) + (25 - j\,43.3) = 50 + j\,0 = 50 \angle 0°$

差：$\dot{C}_4 = \dot{C}_1 - \dot{C}_2 = (25 + j\,43.3) - (25 - j\,43.3) = 0 + j\,86.6 = 86.6 \angle 90°$

なお、虚数単位 j について、以下のような関係式があります。覚えておくと便利です。上の計算はこれらを使っています。

$$j = 0 + j\,1 = 1 \angle 90、\quad j^2 = -1 + j\,0 = 1 \angle \pm 180°、\quad \frac{1}{j} = -j = 0 - j\,1 = 1 \angle -90°$$

解答

$\dot{C}_3 = 50 \angle 0°$、$\dot{C}_4 = 86.6 \angle 90°$

【例題 5-5】

複素数 $\dot{C}_1 = 3 + j\,5$ と $\dot{C}_2 = 2 - j\,3$ の積 $\dot{C}_3$ と商 $\dot{C}_4$ を求めなさい。

解説

積：$\dot{C}_3 = \dot{C}_1 \dot{C}_2 = (3 + j\,5)(2 - j\,3) = (3 \times 2 + 5 \times 3) + j(5 \times 2 - 3 \times 3) = 21 + j\,1$

商：$\dot{C}_4 = \dfrac{\dot{C}_1}{\dot{C}_2} = \dfrac{3 + j\,5}{2 - j\,3} = \dfrac{(3 + j\,5)(2 + j\,3)}{(2 - j\,3)(2 + j\,3)} = \dfrac{(6 - 15) + j(10 + 9)}{4 + 9}$

$= \dfrac{-9 + j\,19}{13} = -0.69 + j\,1.46$

解答

$\dot{C}_3 = 21 + j\,1$、$\dot{C}_4 = -0.69 + j\,1.46$

【例題 5-6】

複素数 $\dot{C}_1 = 3 + j\,5$ と $\dot{C}_2 = 2 - j\,3$ が与えられている。$\dfrac{\dot{C}_1 \dot{C}_2}{\dot{C}_1 + \dot{C}_2}$ を複数表示と極表示で求めなさい。

第5章 交流回路の基本—その1

解説

$$\frac{\dot{C}_1 \dot{C}_2}{\dot{C}_1 + \dot{C}_2} = \frac{(3+j\,5)(2-j\,3)}{(3+j\,5)+(2-j\,3)} = \frac{(3\times 2+5\times 3)+j(5\times 2-3\times 3)}{(3+2)+j(5-3)} = \frac{21+j\,1}{5+j\,2}$$

$$= \frac{(21+j\,1)(5-j\,2)}{(5+j\,2)(5-j\,2)} = \frac{(21\times 5+1\times 2)+j(5-21\times 2)}{5\times 5+2\times 2} = \frac{107-j\,37}{29}$$

$$= \frac{107}{29} - j\frac{37}{29} = 3.69 - j\,1.28$$

(極表示)

$$\frac{\dot{C}_1 \dot{C}_2}{\dot{C}_1 + \dot{C}_2} = \sqrt{3.69^2 + 1.28^2} \angle -\tan^{-1}\frac{1.28}{3.69} = 3.91\angle -19.13°$$

解答

複素数表示：$3.69 - j\,1.28$

極表示：$13.91\angle -19.13°$

【例題 5-7】

極表示 $\dot{C}_1 = 5\angle 52.1°$ と $\dot{C}_2 = 10\angle -35.4°$ の積 $\dot{C}_3$ と商 $\dot{C}_4$ を求めなさい。

解説

積：$\dot{C}_3 = \dot{C}_1 \dot{C}_2 = 5\times 10 \angle (52.1° - 35.4°) = 50\angle 16.7°$

商：$\dot{C}_4 = \dfrac{\dot{C}_1}{\dot{C}_2} = \dfrac{5\angle 52.1°}{10\angle -35.4°} = \dfrac{5}{10}\angle (52.1° + 35.4°) = 0.5\angle 87.5°$

解答

$\dot{C}_3 = 50\angle 16.7°$　　$\dot{C}_4 = 0.5\angle 87.5°$

【例題 5-8】

電圧 $\dot{V}$ と電流 $\dot{I}$ が次のように与えられている。インピーダンス $\dot{R} = \dfrac{\dot{V}}{\dot{I}}$ の

5-3 複素数表示または極表示の加減算、乗算、除算

フェーザ表示を求めなさい。

① $\dot{V} = 4 + j8$ [V]、$\dot{I} = 2 + j2$ [A]
② $\dot{V} = -10 + j4$ [V]、$\dot{I} = -2 + j2$ [A]

解説

正弦波交流の電圧 $\dot{V}$ と電流 $\dot{I}$ を次のように表示することができます。

$$\dot{V} = V\angle\theta_v = \frac{V_m}{\sqrt{2}}\angle\theta_v \quad \cdots\cdots(5.12)$$

$$\dot{I} = I\angle\theta_i = \frac{I_m}{\sqrt{2}}\angle\theta_i \quad \cdots\cdots(5.13)$$

ここで、V_m、I_m は電圧と電流の最大値、θ_v、θ_i はそれぞれの位相を表します。このように電圧 $\dot{V}$ と電流 $\dot{I}$ は大きさと位相を含んでいます。正弦波交流をこのように表すことをフェーザ（phasor）表示といいます。

複素数から変換して得られる極表示は一般的な表現ですが、正弦波交流で極表示を表現するときはフェーザ表示といいます。また、フェーザ表示の位相は必ず「°」（度）で表すことになっています。

① $\dot{R} = \dfrac{\dot{V}}{\dot{I}} = \dfrac{4+j8}{2+j2} = \dfrac{(4+j8)(2-j2)}{(2+j2)(2-j2)} = \dfrac{(8+16)+j(16-8)}{4+4} = 3+j1$

$= \sqrt{3^2+1^2}\angle\tan^{-1}\dfrac{1}{3} = 3.16\angle 18.4°$ [Ω]

② $\dot{R} = \dfrac{\dot{V}}{\dot{I}} = \dfrac{-10+j4}{-2+j2} = \dfrac{(-10+j4)(-2-j2)}{(-2+j2)(-2-j2)} = \dfrac{(20+8)+j(-8+20)}{4+4}$

$= 3.5+j1.5 = \sqrt{3.5^2+1.5^2}\angle\tan^{-1}\dfrac{1.5}{3.5} = 3.81\angle 23.2°$ [Ω]

解答

① $\dot{R} = 3.16\angle 18.4°$ [Ω]
② $\dot{R} = 3.81\angle 23.2°$ [Ω]

第5章 交流回路の基本―その1

【例題 5-9】
複素数 $\dot{C}_1 = 3+j4$ と $\dot{C}_2 = 1+j3$ の和 $\dot{C}_3$ を複素平面（方眼紙）に作図しなさい。

解説

方眼紙の横軸（実数）4 cm、縦軸（虚数）7 cm をとります。複数 $\dot{C}_1$ と $\dot{C}_2$ の実数成分と虚数成分をグラフ上で加え合わせます。

すなわち、
$$\dot{C}_3 = \dot{C}_1 + \dot{C}_2 = (3+j4) + (1+j3) = (3+1) + j(4+3) = 4+j7$$
です。

解答

図 5-6 のように作図することができます。

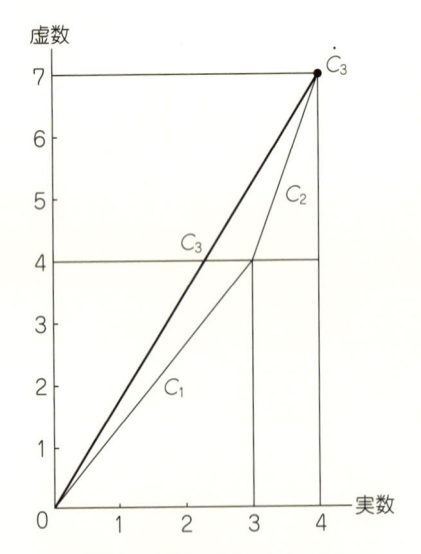

図 5-6　複素平面で和 $\dot{C}_3$ を作図する

【例題 5-10】

複素数 $\dot{C}_1 = 3 + j4$ と $\dot{C}_2 = 1 - j3$ の和 $\dot{C}_3$ を複素平面（方眼紙）に作図しなさい。

解説

方眼紙の横軸（実数）4 cm、縦軸（虚数）4 cm をとります。複素数 $\dot{C}_1$ と $\dot{C}_2$ の実数成分と虚数成分をグラフ上で加え合わせます。

すなわち、

$\dot{C}_3 = \dot{C}_1 + \dot{C}_2 = (3 + j4) + (1 - j3) = (3 + 1) + j(4 - 3) = 4 + j1$ です。

解答

図 5-7 のように作図することができます。

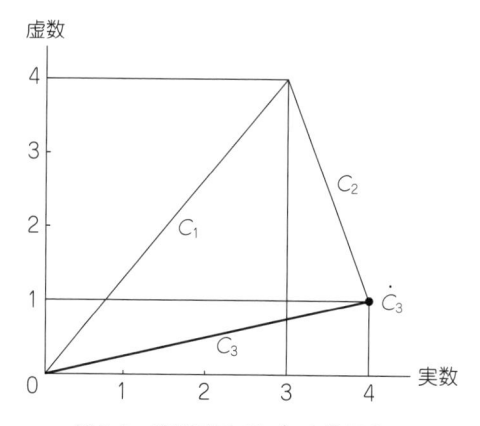

図 5-7　複素平面で和 $\dot{C}_3$ を作図する

— 第 6 章 ◇

交流回路の基本—その2

交流回路の基本—その1として、第5章で複素数表示と極表示について説明しました。本章では最初に、正弦波交流の基本的な定義として、波高値（最大値）、平均値、実効値、位相について説明します。また、簡単な正弦波交流の実験を通して、最大値、実効値、周期を測定します。最後に、正弦波交流のフェーザ表示とフェーザ図、複素数表示との関係について説明します。

6-1 正弦波交流の定義

正弦波交流とは、図6-1のように定義されます。同図の場合は電流 i の変化を示したものですが、交流とは、電圧、電流の値が周期的に時々刻々変化したものとして定義されます。具体的には、電流 i または電圧 v の値を1周期にわたって平均した値が0となるものを交流として定義します。正弦波交流は、一般家庭で使用されている商用電源や工場で使用されている動力用電源などに

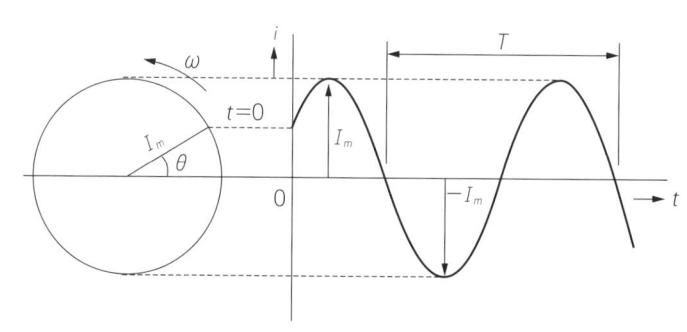

（a）電流の最大値 I_m が水平線となす θ

（b）時刻 t に対する電流の瞬時値 i の変化

図6-1　正弦波交流の定義

広く利用されています。正弦波交流のことを単に"交流"と呼ぶことがあります。

図6-1を説明すると、以下のようになります。

電流の最大値 I_m に等しい長さの棒が、時刻 $t=0$ のときの水平線となす角 θ の位置から出発して、左回りに一定の角速度 ω（rad/s）で回転するとします。このとき、棒の先端から水平に下ろした垂線の長さの変化を縦軸に、時刻 t を横軸に図示したものが同図(b)になります。

すなわち、同図(b)は、電流 i の瞬時値を時間 t に対して図示したものになります。これを数式で表すと

$$i = I_m \sin(\omega t + \theta) \, [\text{A}] \quad \cdots\cdots(6.1)$$

となります。ここで、I_m は、電流 i が最大になった瞬間の値で、最大値［A］といいます。ω は角周波数［rad/s］（"rad"はラジアンと発音します）、θ は位相角［rad］〔または［°］（度）〕といいます。

図中の T は、電流の変化が1周する時間［s］を示し、周期といいます。同図(a)では、I_m に等しい長さの棒が1回転する時間に相当します。

したがって、1秒間に回転を繰り返す数 f は、

$$f = \frac{1}{T} \, [\text{Hz}] \quad \cdots\cdots(6.2)$$

となり、これを周波数といいます。単位［Hz］は"ヘルツ"と発音します。

また、棒の1回転は 2π［rad］であるので、角周波数 ω［rad/s］×周期 T［s］に等しくなります。すなわち、

$$2\pi = \omega T \quad \cdots\cdots(6.3)$$

です。これより

$$\omega = \frac{2\pi}{T} = 2\pi f \, [\text{rad/s}] \quad \cdots\cdots(6.4)$$

が得られます。

【例題6-1】

周波数が50［Hz］と100［Hz］の交流について、周期はそれぞれいくらに

6-1 正弦波交流の定義

なるか。

解説

(6.2)式を使います。

周波数が 50 [Hz] の場合は、

$$T = \frac{1}{f} = \frac{1}{50} = 0.02 \ [\text{s}]$$

周波数が 100 [Hz] の場合は、

$$T = \frac{1}{f} = \frac{1}{100} = 0.01 \ [\text{s}]$$

となります。

解答

0.02 [s]、0.01 [s]

【例題 6-2】

周期が 20 [ms] と 10 [μs] の交流について、周波数はそれぞれいくらになるか。

解説

例題 6-1 と同様、(6.2)式を使います。

周期が 20 [ms] の場合は、

$$f = \frac{1}{T} = \frac{1}{20 \times 10^{-3}} = 0.05 \times 10^3 \ [\text{Hz}] = 0.05 \ [\text{kHz}] = 50 \ [\text{Hz}]$$

周波数が 10 [μs] の場合は、

$$f = \frac{1}{T} = \frac{1}{10 \times 10^{-6}} = 0.1 \times 10^6 \ [\text{Hz}] = 0.1 \ [\text{MHz}] = 100 \ [\text{kHz}]$$

となります。

第 6 章　交流回路の基本—その 2

解答

0.05 [kHz] または 50 [Hz]、0.1 [MHz] または 100 [kHz]

【例題 6-3】

周波数が 50 [Hz] と 100 [Hz] の交流について、角周波数はそれぞれいくらになるか。

解説

(6.4)式を使います。

周波数が 50 [Hz] の場合は、

$$\omega = 2\pi f = 2\pi \times 50 = 100\pi = 100 \times 3.14 = 314 \ [\text{rad/s}]$$

周波数が 100 [Hz] の場合は、

$$\omega = 2\pi f = 2\pi \times 100 = 200\pi = 200 \times 3.14 = 628 \ [\text{rad/s}]$$

となります。

解答

314 [rad/s]、628 [rad/s]

6-2　正弦波交流の波高値、平均値、実効値

正弦波交流の波形の性質を表わす波高値、平均値、実効値について説明します。

波高値とは、一般的な交流波形の 1 周期中の最大の瞬時値のことをいいます。図 6-1 の正弦波交流の場合は正の波高値（I_m）と負の波高値（$-I_m$）は同じ大きさになります。特に、正負対象の波形の波高値を最大値といいます。

平均値とは、瞬時値の絶対値を 1 周期にわたって平均した値をいいます。または、絶対平均値といいます。正弦波交流の場合は、瞬時値（電流 i または電圧 v の値）を 1 周期にわたって平均した値は 0 となります。

正弦波交流の正の半周期 $\left(\dfrac{T}{2}\right)$ の平均値 I_{a+} を求めます。

6-2 正弦波交流の波高値、平均値、実効値

(6.1)式を $\theta = 0$ とおいて 0 から $\dfrac{T}{2}$ まで積分します。そして積分したものを $\dfrac{T}{2}$ で割ります。

$$I_{a+} = \frac{1}{T/2}\int_0^{\frac{T}{2}} i\,dt = \frac{1}{T/2}\int_0^{\frac{T}{2}} I_m \sin\omega t\,dt = \frac{1}{T/2}\left[-\frac{I_m}{\omega}\cos\omega t\right]_0^{\frac{T}{2}}$$

$$= \frac{I_m}{\omega T/2}\left(-\cos\frac{\omega T}{2} + \cos 0\right) = \frac{I_m}{\pi}(-\cos\pi + 1) = \frac{I_m}{\pi}(1+1)$$

$$= \frac{2}{\pi}I_m = 0.637\,I_m \quad \cdots\cdots(6.5)$$

ここで、$\omega T = 2\pi$ です。

同様に、負の半周期 $\left(\dfrac{T}{2}\right)$ の平均値 I_{a-} を計算すると、$I_{a-} = -0.637\,I_m$ となります。

したがって、1周期にわたって平均した値 I_a は

$I_a = I_{a+} + I_{a-} = 0.637\,I_m - 0.637\,I_m = 0$

となります。

実効値は、瞬時値の2乗を1周期にわたって平均したものの平方根の値として定義されます。

正弦波交流の電流 i について実効値 I_{RMS} を計算します。

$$I_{RMS} = \sqrt{\frac{1}{T}\int_0^T i^2\,dt} = \sqrt{\frac{1}{T}\int_0^T I_m^2\sin^2(\omega t + \theta)\,dt}$$

$$= \sqrt{\frac{I_m^2}{T}\int_0^T \frac{1}{2}\{1 - \cos 2(\omega t + \theta)\}\,dt} = \sqrt{\frac{I_m^2}{2T}\left[t - \frac{1}{2\omega}\sin 2(\omega t + \theta)\right]_0^T}$$

$$= \sqrt{\frac{I_m^2}{2T}\left\{T - \frac{1}{2\omega}\sin 2(\omega T + \theta) - 0 + \frac{1}{2\omega}\sin 2\theta\right\}}$$

$$= \sqrt{\frac{I_m^2}{2T}\left\{T - \frac{1}{2\omega}\sin(4\pi + 2\theta) + \frac{1}{2\omega}\sin 2\theta\right\}}$$

第6章 交流回路の基本—その2

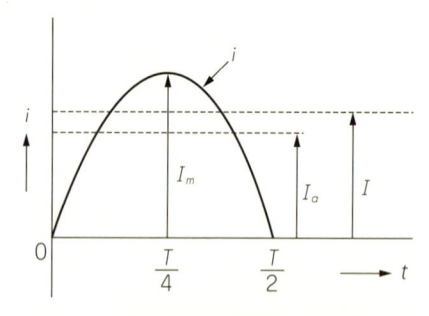

図6-2 正弦波交流の瞬時値 i、最大値 I_m、平均値 I_a、実効値 I_{RMS} の関係

$$= \sqrt{\frac{I_m^2}{2}} = \frac{I_m}{\sqrt{2}}$$

$$= 0.707 I_m \quad \cdots\cdots (6.6)$$

〔ここで、倍角公式：$\sin^2\theta = \dfrac{1-\cos 2\theta}{2}$、また、$\sin(4\pi+\theta) = \sin\theta$〕

計算結果から、実効値 I_{RMS} は最大値 I_m との間には、

$$I_{RMS} = \frac{I_m}{\sqrt{2}} \quad \text{または} \quad I_m = \sqrt{2}\, I_{RMS} \quad \cdots\cdots (6.7)$$

の関係が成り立ちます。

上記で計算した正弦波交流の瞬時値 i、最大値 I_m、平均値 I_a、実効値 I_{RMS} の関係を図示すると図6-2のようになります。

【例題6-4】

実効値が 100 [V] と 20 [kV] の正弦波交流の最大値はそれぞれいくらになるか。

解説

(6.7)式を使います。

実効値が 100 [V] の場合は

$$I_m = \sqrt{2}\, I_{RMS} = \sqrt{2} \times 100 = 1.414 \times 100 = 141.4 \text{ [V]}$$

実効値が 20 [kV] の場合は
$$I_m = \sqrt{2}\, I_{RMS} = \sqrt{2} \times 20 = 1.414 \times 20 = 28.3\ [\text{kV}]$$
となります。

解答

141.4 [V]、28.3 [kV]

【例題 6-5】
平均値が 10 [V] になるための正弦波交流の実効値と最大値を求めなさい。

解説

(6.5)式から最大値 I_m を求めます。

すなわち、$I_a = 0.637\, I_m = 0.637 \times \sqrt{2}\, I_{RMS}$ から

$$I_{RMS} = \frac{I_a}{0.637\sqrt{2}} = \frac{10}{0.637\sqrt{2}} = 11.1\ [\text{V}]$$

となります。

解答

11.1 [V]

6-3　正弦波交流電圧の測定

簡単な実験で、正弦波交流電圧の最大値と実効値、周期を測定します。
測定方法のイメージを**図 6-3** に示します。

発振器を用意し、周波数 50 [Hz]、電圧 5 [V] の正弦波交流電圧を発生させます。電圧はテスタで測定します。電圧波形はオシロスコープで観測します。測定例を**写真 6-1** に示します。

テスタの液晶表示部には 5.00 [V] が表示されています。テスタで表示される電圧は実効値 V_{RMS} になります。テスタに限らず測定器で測定される正弦波交流の電圧と電流は実効値が表示されます。

第6章 交流回路の基本—その2

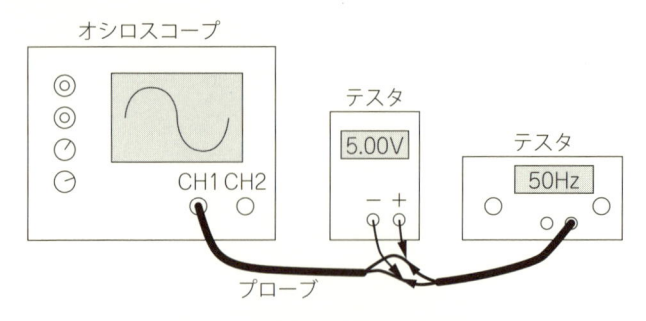

図6-3 正弦波交流電圧の測定方法

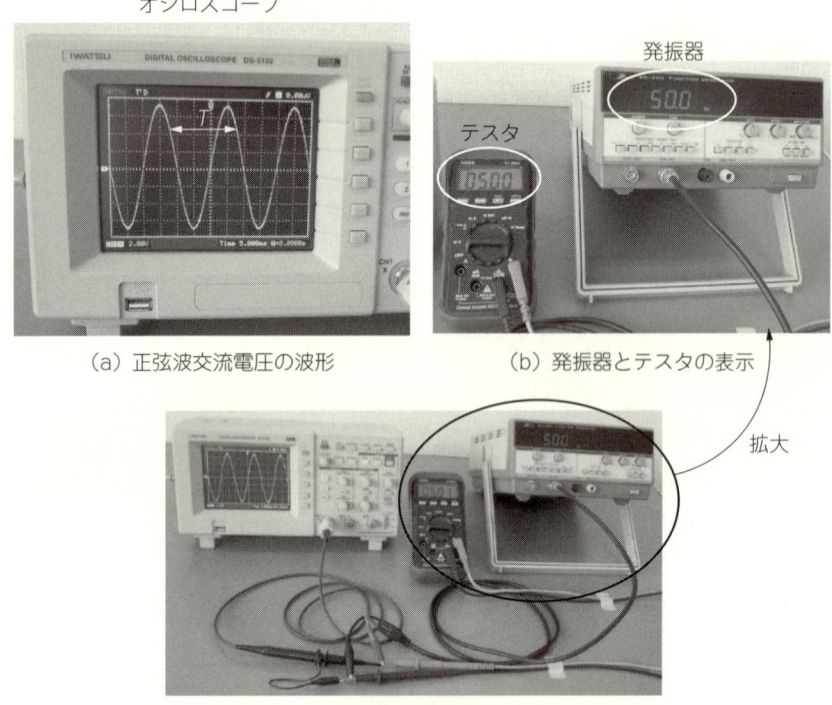

(a) 正弦波交流電圧の波形

(b) 発振器とテスタの表示

(c) 測定全景

写真6-1 正弦波交流電圧を測定する

　オシロスコープの電圧波形から最大値と周期を求めます。
　縦軸の目盛りは電圧の大きさを表し、上記の測定例では1cmあたり2［V］にレンジ設定されています。これをオシロスコープでは"2V/DIV"と表記し

ます。また、横軸の目盛りは時間を表し、上記の測定例では1 cmあたり5 [ms]（ミリセカンド、5×10^{-3} [s]）にレンジ設定されています。これを"5 ms/DIV"と表記します。

オシロスコープの画面に表示された電圧波形の最大値 V_m を読み取ると、約 3.5 cm あるので、

$$V_m = 2 \text{ V/DIV} \times 3.5 \text{ cm} = 7 \text{ [V]}$$

になります。上記(6.7)式から実効値 V_{RMS} を求めると、

$$V_{RMS} = \frac{V_m}{\sqrt{2}} = \frac{7}{\sqrt{2}} \approx 5 \text{ [V]}$$

が得られます。この値はテスタで測定した電圧値5 [V] と一致します。

次に、電圧波形の1周期 T を求めます。

横軸の1週期に相当する長さは4 cm なので、

$$T = 5 \text{ ms/DIV} \times 4 \text{ cm} = 20 \text{ [ms]}$$

となります。

したがって、周波数 f は、(6.2)式から

$$f = \frac{1}{T} = \frac{1}{20 \text{ ms}} = \frac{1}{20 \times 10^{-3}} = 0.05 \times 10^3 = 50 \text{ [Hz]}$$

となり、発振器で設定した周波数と一致します。

【例題 6-6】

正弦波交流回路の電流をアナログ方式の交流電流計で測定したら指針は10 [mA] を指示した。電流の実効値と最大値を求めなさい。

解説

上記のテスタによる正弦波交流電圧の測定のときと同じように、デジタル方式、アナログ方式の測定器にかかわらず、電圧計と電流計の指示はいずれも実効値です。したがって、電流の実効値 I_{RMS} は 10 [mA] です。

また、電流の最大値 I_m は、(6.7)式から

$$I_m = \sqrt{2} \, I_{RMS} = \sqrt{2} \times 10 = 14.14 \text{ [mA]}$$

第6章 交流回路の基本—その2

となります。

解答

10 [mA]、14.14 [mA]

6-4 正弦波交流のフェーザ表示と複素数表示

正弦波交流のフェーザ表示と複素数表示、そしてこれらの関係について説明します。

(1) 正弦波交流のフェーザ表示

正弦波交流の電圧と電流野の瞬時値 v と i は、(6.1)式の電流の瞬時値と同じように、

$$v = V_m \sin(\omega t + \theta_v) \text{ [V]} \quad \cdots\cdots(6.8)$$

$$i = I_m \sin(\omega t + \theta_i) \text{ [A]} \quad \cdots\cdots(6.9)$$

と表すことができます。

すなわち、正弦波交流は、最大値（V_m、I_m）、角周波数（ω）、位相（θ_v、θ_i）の三つの要素で表すことができます。

次に、(6.8)式と(6.9)式に対応して正弦波交流を次のように表示することができます。このような表示法をフェーザ表示といいます。

$$\dot{V} = V_{RMS} \angle \theta_v \text{ [V]} \quad \cdots\cdots(6.10)$$

$$\dot{I} = I_{RMS} \angle \theta_i \text{ [A]} \quad \cdots\cdots(6.11)$$

$\dot{V}$ と $\dot{I}$ は大きさ（実効値）と位相の両方を含んでいます。ここで、$V_{RMS} = V_m/\sqrt{2}$、$I_{RMS} = I_m/\sqrt{2}$ です。また、θ は位相で、単位は [°]（度）で表示します。

ここで、実効値の大きさを矢印の長さとし、位相を角度で表した図形表現をフェーザ図といいます。

(6.10)式と(6.11)式に対応したフェーザ図を**図6-4**に示します。

(2) 正弦波交流の複素数表示

電圧や電流をフェーザ表示することにより、三角関数を含む複雑な計算を避けることができます。しかし、フェーザ表示は加減算を行うことができませ

6-4 正弦波交流のフェーザ表示と複素数表示

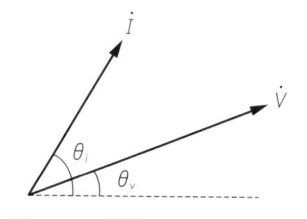

図 6-4　正弦波交流のフェーザ図

ん。そこでフェーザ表示と対応して複素数表示を使います。

電圧のフェーザ表示は、(6.10)式から

$$\dot{V} = V_{RMS} \angle \theta_v \ [\text{V}]$$

となります。このフェーザ図は**図 6-5**のように表すことができるので、位相角 $0°$ の成分 $V_r \angle 0°$ と位相角 $90°$ の成分 $V_i \angle 90°$ のベクトル和として、

$$\dot{V} = V_r \angle 0° + V_i \angle 90° = V_r + jV_i$$

$$= \sqrt{(V_r^2 + V_i^2)} \angle \theta_v = \sqrt{(V_r^2 + V_i^2)} \angle \tan^{-1} \frac{V_i}{V_r} \ [\text{V}] \quad \cdots\cdots (6.12)$$

のように表現することができます。

ここで、$V_r = \sqrt{(V_r^2 + V_i^2)} \cos \theta_v$、$V_i = \sqrt{(V_r^2 + V_i^2)} \sin \theta_v$ です。

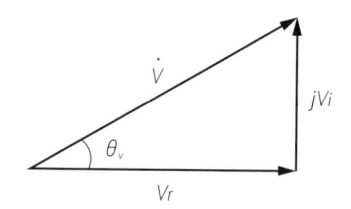

図 6-5　フェーザ図を複素数で表現する

【例題 6-7】

次に示す正弦波交流のフェーザ表示と複素数表示を求めなさい。また、フェーザ図を描きなさい。

$$v = 100 \sin\left(200\pi t + \frac{\pi}{3}\right) \ [\text{V}]$$

第6章 交流回路の基本―その2

解説

まず、題意の式と(6.8)式を対応させます。

$$v = V_m \sin(\omega t + \theta_v) = 100 \sin\left(200\pi t + \frac{\pi}{3}\right) \text{ [V]}$$

これから、$V_m = 100$ [V]、$\theta_v = \dfrac{\pi}{3} = 60$ [°] となります。

したがって、$V_{RMS} = \dfrac{V_m}{\sqrt{2}} = \dfrac{100}{\sqrt{2}} = 70.7$ [V] となり、

フェーザ表示

$$\dot{V} = 70.7 \angle 60° \text{ [V]}$$

となります。

複素数表示は、$V_r = 70.7 \cos 60° = 35.4$、$V_r = 70.7 \sin 60° = 61.2$ から

$$\dot{V} = 35.4 + j\,61.2 \text{ [V]}$$

となります。

解答

$\dot{V} = 70.7 \angle 60°$ [V]、$\dot{V} = 35.4 + j\,61.2$ [V]

フェーザ図は、図6-6のようになります。

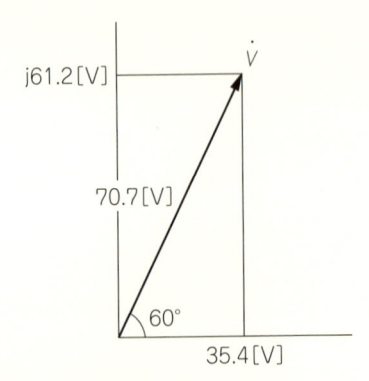

図6-6 フェーザ図

〈参考書〉オシロスコープについての解説書
・臼田昭司「読むだけで力がつく電気電子再入門」日刊工業新聞社、2004 年
・臼田昭司「絵とき電気計測基礎のきそ」日刊工業新聞社、2008 年

第7章
交流回路の回路要素

　交流回路の回路要素として、抵抗、インダクタス、キャパシタンスについて基本的な性質について説明します。各回路素子の電圧と電流の関係についてフェーザ表示と複素数表示について説明し、フェーザ図を描きます。また、これらの説明を通して、抵抗、インダクタス、キャパシタンスの各回路要素における電圧と電流の位相関係について説明します。

7-1　抵　抗

　正弦波交流の回路要素としての抵抗を図7-1に示します。正弦波交流電圧 v と電流 i、抵抗 R の関係は、オームの法則

$$v = Ri$$

から、正弦波交流電流 i を

$$i = I_m \sin(\omega t + \theta_i) \quad \cdots\cdots (7.1)$$

として、

$$v = Ri = RI_m \sin(\omega t + \theta_i) = V_m \sin(\omega t + \theta_v) \quad \cdots\cdots (7.2)$$

が得られます。

　正弦波交流電圧 v は、このように表すことができます。

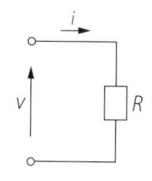

図7-1　抵抗 R を正弦波交流 v と i で表現

第7章 交流回路の回路要素

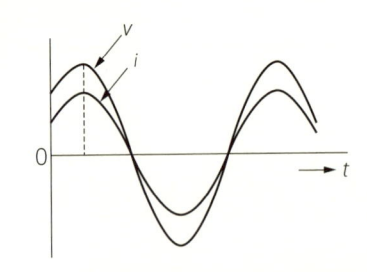

図7-2 正弦波交流電圧 v と正弦波交流電流 i の瞬時値の変化（抵抗の場合）

ここで、大きさ（瞬時値）と位相は

$V_m = RI_m$ ……(7.3)

$\theta_v = \theta_i$ ……(7.4)

となります。

電圧 v と電流 i の大きさ（瞬時値）は**図7-2**のように変化します。すなわち、電圧 v と電流 i は同じ位相で変化します。位相が同じであることを"同位相"といいます。

次に、フェーザ表示で、電圧 $\dot{V}$ と電流 $\dot{I}$ の関係を求めます。

(7.1)式をフェーザ表示で表すと、

$\dot{I} = I \angle \theta_i$ ……(7.5)

となります（第6章「6-4　正弦波交流のフェーザ表示と複素数表示」参照）。

ここで、I は実効値

$I = \dfrac{I_m}{\sqrt{2}}$ ……(7.6)

です。

正弦波交流電圧 v をフェーザ表示で表すと

$\dot{V} = R\dot{I} = RI \angle \theta_i \equiv V \angle \theta_v$ ……(7.7)

となります。この式が正弦波交流における抵抗 R の基本関係式になります。

図7-1の正弦波交流電圧 v と電流 i をフェーザ表現 $\dot{V}$ と $\dot{I}$ で書き直すと**図7-3**のようになります。また、$\dot{V}$ と $\dot{I}$ の関係をフェーザ図で表すと**図7-4**のようになります。フェーザ図が示すように、抵抗の場合は、電圧と電流は同位相

7-1 抵抗

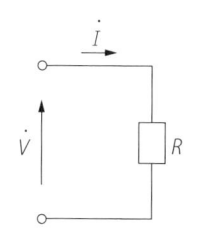

図 7-3 抵抗 R をフェーザ表示 $\dot{V}$ と $\dot{I}$ で表現

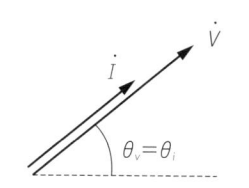

図 7-4 抵抗 R の $\dot{V}$ と $\dot{I}$ の関係

となります。

【例題 7-1】

抵抗 $R = 5$ ［Ω］に周波数 $f = 50$ ［Hz］の電流 $\dot{I} = 10\angle 30°$ ［A］が流れているとする。このとき抵抗 R の端子電圧 $\dot{V}$ のフェーザ表示と複素数表示を求めなさい。また、$\dot{V}$ と $\dot{I}$ のフェーザ図を描きなさい。

解説

(7.7)式を使います。

$$\dot{V} = R\dot{I} = 5 \times 10\angle 30° = 50\angle 30° \text{［V］}$$

極表示と複素数の関係〔第 5 章の(5.5)式、$\dot{C} = C\angle\theta = C\cos\theta + jC\sin\theta \equiv X + jY$〕から複素数表示は、

$$\dot{V} = 50\angle 30° = 50\cos 30° + j\,50\sin 30° = 43.3 + j\,25 \text{［V］}$$

が得られます。

なお、抵抗の場合は、複数数表示でもフェーザ表示と同じように(7.7)式を使用することができます。

解答

$\dot{V} = 50\angle 30°$ ［V］　$\dot{V} = 43.3 + j\,25$ ［V］

$\dot{V}$ と $\dot{I}$ のフェーザ図は**図 7-5** のようになります。

第7章　交流回路の回路要素

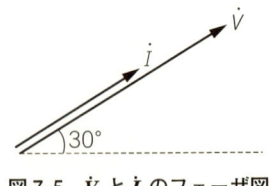

図7-5　$\dot{V}$と$\dot{I}$のフェーザ図

【例題 7-2】

抵抗 $R = 25$ [Ω] に電流 $\dot{I} = 2 + j\,0$ [A] が流れている。抵抗 R の端子電圧 $\dot{V}$ のフェーザ表示を求めなさい。また、$\dot{V}$ と $\dot{I}$ のフェーザ図を描きなさい。

解説

抵抗の場合は、複素数表示でも(7.7)式をそのまま使用することができるので、端子電圧 $\dot{V}$ のフェーザ表示は次のようにして求めることができます。

$$\dot{V} = R\dot{I} = 25 \times (2 + j\,0) = 50 + j\,0$$
$$= \sqrt{50^2 + 0^2} \angle \tan^{-1}\frac{0}{50} = 50 \angle 0° \text{ [V]}$$

解答

$\dot{V} = 50 \angle 0°$ [V]

$\dot{V}$ と $\dot{I}$ のフェーザ図は**図7-6**のようになります。

図7-6　$\dot{V}$と$\dot{I}$のフェーザ図

7-2　インダクタス

正弦波交流の回路要素としてのインダクタンスを**図7-7**に示します。正弦波交流電圧 v と電流 i、インダクタンス L の関係は、第2章の(2.2)式

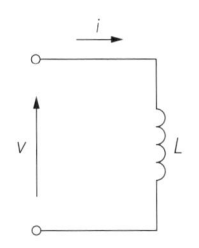

図7-7 インダクタンス L を
正弦波交流 v と i で表現

$$v = L\frac{di}{dt}$$

に(7.1)式を代入して得られます。

$$v = L\frac{di}{dt} = L\frac{d}{dt}I_m \sin(\omega t + \theta_i) = \omega L I_m \cos(\omega t + \theta_i)$$

$$= \omega L I_m \sin\left(\omega t + \theta_i + \frac{\pi}{2}\right) = V_m \sin(\omega t + \theta_v) \quad \cdots\cdots(7.8)$$

$$\left[三角関数の公式：\cos\theta = \sin\left(\theta + \frac{\pi}{2}\right)\right]$$

ここで、

$$V_m = \omega L I_m \quad \cdots\cdots(7.9)$$

$$\theta_v = \theta_i + \frac{\pi}{2} = \theta_i + 90° \quad \cdots\cdots(7.10)$$

です。

電圧 v と電流 i の大きさ（瞬時値）は図7-8のように変化します。電圧 v は電流 i よりも位相が90°進んだ変化をします。すなわち、電流 i が最も急増するときに電圧 v は正の方向に最大値となり、i が最大値に達して変化しなくなった瞬間に v は0となります。次に、i が急減するときに v は負の方向に最大値となり、i が負の最大値に達して変化しなくなった瞬間に v は0となります。これを繰り返します。

次に、フェーザ表示で、電圧 $\dot{V}$ と電流 $\dot{I}$ の関係を求めます。

(7.8)式をフェーザ表示で表すと、

第7章 交流回路の回路要素

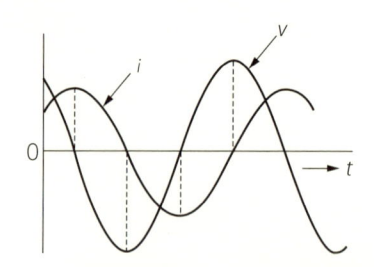

図7-8 正弦波交流電圧 v と正弦波交流電流 i の
瞬時値の変化（インダクタンスの場合）

$$\dot{V} = \omega LI \angle \left(\theta_i + \frac{\pi}{2}\right) = \omega LI \angle (\theta_i + 90°) \equiv V \angle \theta_v \quad \cdots\cdots(7.11)$$

となります。

さらに、書き直して

$$\dot{V} = \omega LI \angle (\theta_i + 90°) = \omega L \angle 90° \times I \angle \theta_i = \omega L \angle 90° \times \dot{I} \quad \cdots\cdots(7.12)$$

が得られます。フェーザ表示で表した電圧 $\dot{V}$ と電流 $\dot{I}$ の関係です。

図7-7の正弦波交流電圧 v と電流 i をフェーザ表現 $\dot{V}$ と $\dot{I}$ で書き直すと**図7-9**のようになります。また、$\dot{V}$ と $\dot{I}$ の関係をフェーザ図で表すと**図7-10**のようになります。

(7.12)式を複素数で表現する場合は、$1 \angle 90° = j$（第5章の例題5-4を参照）を用いて

$$\dot{V} = \omega L \angle 90° \times \dot{I} = j\omega L\dot{I} \quad \cdots\cdots(7.13)$$

または

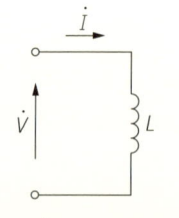

図7-9 インダクタンス L をフェーザ
表示 $\dot{V}$ と $\dot{I}$ で表現

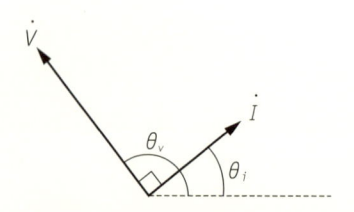

図7-10 インダクタンス L の
$\dot{V}$ と $\dot{I}$ の関係

$$\dot{I} = \frac{\dot{V}}{j\omega L} = -j\frac{1}{\omega L}V \quad \cdots\cdots(7.14)$$

となります。

(7.13)式または(7.14)式がインダクタンス L の基本関係式になります。

【例題 5-3】

$L = 0.2$［H］のインダクタンスに周波数 $f = 60$［Hz］の電流 $\dot{I} = 5\angle -30°$［A］が流れているとする。このとき、インダクタンス L の端子電圧 $\dot{V}$ のフェーザ表示と複素数表示を求めなさい。また、$\dot{V}$ と $\dot{I}$ のフェーザ図を描きなさい。

解説

(7.13)式を使います。

$\dot{V} = j\omega L\dot{I} = j\, 2\pi \times 60 \times 0.2 \times 5\angle -30° = 377\angle(90-30)° = 377\angle 60°$

複素数表示は、

$\dot{V} = 377\angle 60° = 377\cos 60° + j\, 377\sin 60° = 188.5 + j\, 326.5$［V］

が得られます。

解答

$\dot{V} = 377\angle 60°$［V］、$\dot{V} = 188.5 + j\, 326.5$［V］

$\dot{V}$ と $\dot{I}$ のフェーザ図は**図 7-11** のようになります。

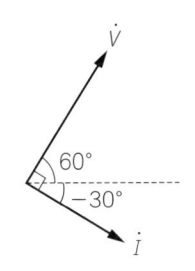

図 7-11　$\dot{V}$ と $\dot{I}$ のフェーザ図

第7章 交流回路の回路要素

7-3 キャパシタンス

正弦波交流の回路要素としてのキャパシタンスを図 7-12 に示します。正弦波交流電圧 v と電流 i、キャパシタンス C の関係は、第2章の (2.7) 式

$$i = C\frac{dv}{dt}$$

に (7.8) 式を代入して得られます。

$$i = C\frac{dv}{dt} = C\frac{d}{dt}\{V_m \sin(\omega t + \theta_v)\} = \omega C V_m \cos(\omega t + \theta_v)$$

$$= \omega C V_m \sin\left(\omega t + \theta_v + \frac{\pi}{2}\right) = I_m \sin(\omega t + \theta_i) \quad \cdots\cdots (7.15)$$

ここで、

$I_m = \omega C V_m$ $\cdots\cdots (7.16)$

または、

$V_m = \dfrac{I_m}{\omega C}$ $\cdots\cdots (7.17)$

$\theta_i = \theta_v + \dfrac{\pi}{2} = \theta_v + 90°$ $\cdots\cdots (7.18)$

または

$\theta_v = \theta_i - 90°$ $\cdots\cdots (7.19)$

です。

電圧 v と電流 i の大きさ（瞬時値）は図 7-13 のように変化します。電流 i

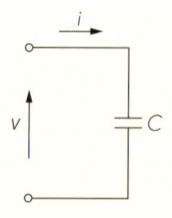

図 7-12　キャパシタンス C を正弦波交流 v と i で表現

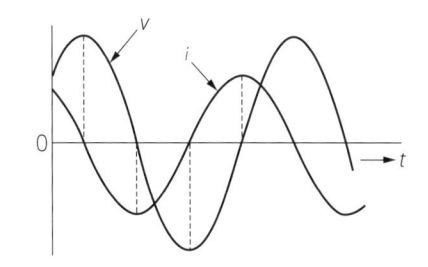

図7-13 正弦波交流電圧 v と正弦波交流電流 i の瞬時値の変化（キャパシタンスの場合）

は電圧 v よりも位相が90°進んだ変化をします。すなわち、電圧 v が急増するときにコンデンサに蓄積される電荷の増大の速さが大きくなるので、電流 i は正の方向に最大値となり、v が最大値に達して変化しなくなった瞬間にはコンデンサの電荷の出入りがないので、i は 0 となります。

次に、電圧 v が急減するときは電荷も急減するので、電流 i は負の最大値になり、v が負の最大値に達すると電荷の出入りがないので、i は 0 となります。これを繰り返します。

次に、フェーザ表示で、電圧 $\dot{V}$ と電流 $\dot{I}$ の関係を求めます。

(7.8)式をフェーザ表示で表すと、

$$\dot{V} = V \angle \theta_v \quad \left(V = \frac{V_m}{\sqrt{2}} \right) \quad \cdots\cdots (7.20)$$

となります。

また、電流 i をフェーザ表示で表すと、(7.15)式から

$$\dot{I} = \omega CV \angle (\theta_v + 90°) = I \angle \theta_i \quad \cdots\cdots (7.21)$$

となります。

さらに、(7.21)式を書き直して、

$$\dot{I} = \omega CV \angle (\theta_v + 90°) = \omega C \angle 90° \times V \angle \theta_v = \omega C \angle 90° \times \dot{V} \quad \cdots\cdots (7.22)$$

となります。フェーザ表示で表わした電圧 $\dot{V}$ と電流 $\dot{I}$ の関係です。

(7.22)式を複素数で表現する場合は、$1 \angle 90° = j$ を用いて

$$\dot{I} = j\omega C \dot{V} \quad \cdots\cdots (7.23)$$

または

第7章　交流回路の回路要素

$$\dot{V} = \frac{\dot{I}}{j\omega C} = -j\frac{1}{\omega C}\dot{I} \quad \cdots\cdots(7.24)$$

となります。

(7.23)式または(7.24)式が、キャパシタンス C の基本関係式になります。

【例題7-4】

$C=40$ [μF] のキャパシタンスに周波数 $f=50$ [Hz] の電流 $\dot{I}=1.2\angle-30°$ [A] が流れているとする。このとき、キャパシタンス C の端子電圧 $\dot{V}$ のフェーザ表示と複素数表示を求めなさい。また、$\dot{V}$ と $\dot{I}$ のフェーザ図を描きなさい。

解説

(7.24)式を使います。

$$\dot{V} = -j\frac{1}{\omega C}\dot{I} = -j\frac{1}{2\pi \times 50 \times 40 \times 10^{-6}} \times 1.2\angle -30°$$

$$= 80 \times 1.2 \angle (-90-30) = 95\angle -120° \text{ [V]}$$

複素数表示は、

$$\dot{V} = 95\angle -120° = 95\cos(-120°) + j\,95\sin(-120°)$$

$$= -47.5 - j\,82.3 \text{ [V]}$$

が得られます。

解答

$\dot{V} = 95\angle -120°$ [V]、$\dot{V} = -47.5 - j\,82.3$ [V]

$\dot{V}$ と $\dot{I}$ のフェーザ図は**図7-14**のようになります。

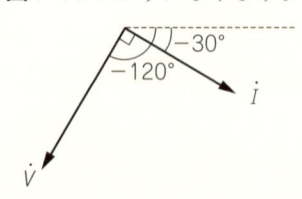

図7-14　$\dot{V}$ と $\dot{I}$ のフェーザ図

7-3 キャパシタンス

【例題 7-5】

$C = 100$ [μF] のキャパシタンスに $\dot{V} = 100\angle 0°$ の電圧を加えたときに流れる電流 $\dot{I}$ のフェーザ表示を求めなさい。ただし、周波数 $f = 50$ [Hz] とする。また、$\dot{V}$ と $\dot{I}$ のフェーザ図を描きなさい。

解説

(7.23)式を使います。

$$\dot{I} = j\omega C\dot{V} = j\,2\pi \times 50 \times 100 \times 10^{-6} \times 100\angle 0°$$
$$= 0.0314 \times 100\angle(90° + 0°) = 3.14\angle 90° \text{ [A]}$$

解答

$\dot{I} = 3.14\angle 90°$ [V]

$\dot{V}$ と $\dot{I}$ のフェーザ図は図 7-15 のようになります。

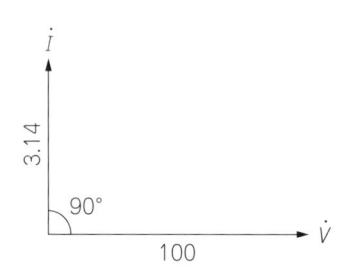

図 7-15　$\dot{V}$ と $\dot{I}$ のフェーザ図

【例題 7-6】

$C = 100$ [μF] のキャパシタンスに電流 $\dot{I} = 1.73 + j\,1.00$ [A] が流れている。キャパシタンス C の端子電圧 $\dot{V}$ のフェーザ表示を求めなさい。ただし、周波数 $f = 50$ [Hz] とする。また、$\dot{V}$ と $\dot{I}$ のフェーザ図を描きなさい。

解説

電流 $\dot{I}$ の複素数表示をフェーザ表示にします。

第7章 交流回路の回路要素

$$\dot{I} = 1.73 + j\,1.00 = \sqrt{1.73^2 + 1.00^2} \angle \tan^{-1} \frac{1.00}{1.73} = 2.0 \angle 30°$$

(7.24)式を使います。

$$\dot{V} = -j\frac{1}{\omega C}\dot{I} = -j\frac{1}{2\pi \times 50 \times 100 \times 10^{-6}} \times 2.0 \angle 30°$$

$$= 32 \times 2.0 \angle (-90° + 30°) = 64 \angle -60°$$

解答

$\dot{V} = 63.6 \angle -60°$

$\dot{V}$ と $\dot{I}$ のフェーザ図は図7-16のようになります。

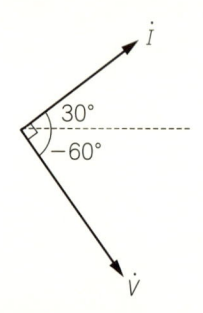

図7-16　$\dot{V}$ と $\dot{I}$ のフェーザ図

第8章

交流回路の直列接続

交流回路の回路要素の直列接続についてフェーザ図とインピーダンスについて説明します。また、インピーダンスの複素数表示と極座標表示（極表示）、インピーダンス図について説明します。次に、リアクタンスと誘導性インピーダンスおよび容量性インピーダンスの関係について説明します。最後に、インピーダンスとアドミッタンスの関係、アドミッタンス図について説明します。

8-1 直列接続

抵抗とインダクタンスの直列接続、抵抗とキャパシタンスの直列接続について説明します。

（1）抵抗とインダクタンスの直列接続

抵抗 R とインダクタンス L の直列回路を図8-1に示します。この直列回路に電流 $\dot{I} = I\angle\theta_i$ [A] が流れているとします。抵抗 R とインダクタンス L のそれぞれの端子電圧 $\dot{V}_R$ と $\dot{V}_L$ は、

$$\dot{V}_R = R\dot{I} \quad \cdots\cdots (8.1)$$

$$\dot{V}_L = j\omega L\dot{I} \quad \cdots\cdots (8.2)$$

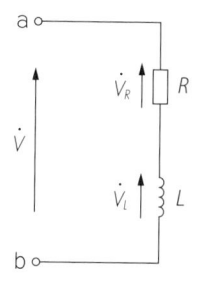

図8-1　抵抗 R とインダクタンス L の直列回路（R-L 直列回路）

第 8 章　交流回路の直列接続

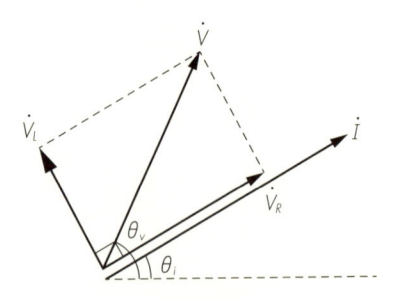

図 8-2　*R–L* 直列回路のフェーザ図

となります〔第 7 章の (7.7) 式と (7.13) 式を参照〕。

したがって、端子 a–b 間の電圧は、

$$\dot{V} = \dot{V}_R + \dot{V}_L = R\dot{I} + j\omega L\dot{I} = (R + j\omega L)\dot{I} \quad \cdots\cdots(8.3)$$

となります。

ここで、$\dot{V}_R$ と $\dot{V}_L$ は位相が 90° 異なっているので、フェーザ図は**図 8-2** のようになります。

（2）抵抗とキャパシタンスの直列接続

抵抗 *R* とキャパシタンス *C* の直列回路を**図 8-3** に示します。この直列回路に電流 $\dot{I} = I\angle\theta_i$ [A] が流れているとします。抵抗 *R* とキャパシタンス *C* のそれぞれの端子電圧 $\dot{V}_R$ と $\dot{V}_C$ は、

$$\dot{V}_R = R\dot{I} \quad \cdots\cdots(8.4)$$

$$\dot{V}_C = \frac{1}{j\omega L}\dot{I} = -j\frac{1}{\omega C}\dot{I} \quad \cdots\cdots(8.5)$$

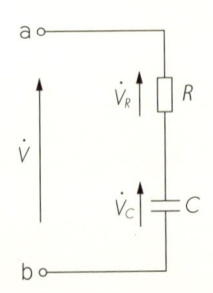

図 8-3　抵抗 *R* とインダクタンス *C* の直列回路（*R–C* 直列回路）

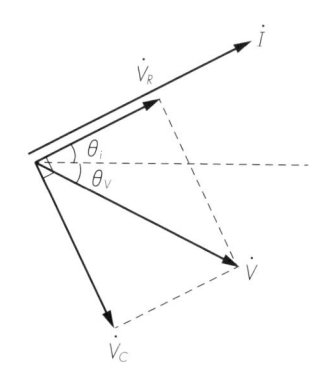

図 8-4 　R–C 直列回路のフェーザ図

となります〔$\dot{V}_C$ は第 7 章の (7.24) 式を参照〕。

したがって、端子 a–b 間の電圧は、

$$\dot{V} = \dot{V}_R + \dot{V}_C = R\dot{I} - j\frac{1}{\omega C}\dot{I} = \left(R - j\frac{1}{\omega C}\right)\dot{I} \quad \cdots\cdots (8.6)$$

となります。

ここで、$\dot{V}_R$ と $\dot{V}_C$ は位相が $-90°$ 異なっているので、フェーザ図は**図 8-4** のようになります。

8-2 インピーダンスとアドミッタンス

抵抗とインダクタンスの直列接続、抵抗とキャパシタンスの直列接続について、インピーダンスとアドミッタンスについて説明します。

(1) インピーダンス

(8.3) 式と (8.6) 式は、次のように表現することができます。

$$\dot{V} = (R + j\omega L)\dot{I} = \dot{Z}\dot{I} \quad \cdots\cdots (8.7)$$

$$\dot{V} = \left(R - j\frac{1}{\omega C}\right)\dot{I} = \dot{Z}\dot{I} \quad \cdots\cdots (8.8)$$

このように定義される $\dot{Z}$ をインピーダンスといいます。

また、インピーダンス $\dot{Z}$ の表現法として以下のようにして書くことができます。

第8章 交流回路の直列接続

$$\dot{Z} = R + j\omega L \quad \longleftarrow \text{インピーダンスの複素数表示}$$

$$= \sqrt{R^2 + (\omega L)^2} \angle \tan^{-1} \frac{\omega L}{R} \quad \text{インピーダンスの極座標表示}$$

$$= Z \angle \theta_z \quad \cdots\cdots (8.9)$$

$$\dot{Z} = R - j\frac{1}{\omega C} \quad \longleftarrow \text{インピーダンスの複素数表示}$$

$$= \sqrt{R^2 + \left(\frac{1}{\omega C}\right)^2} \angle \tan^{-1} \frac{-1}{\omega CR} \quad \text{インピーダンスの極座標表示}$$

$$= Z \angle \theta_z \quad \cdots\cdots (8.10)$$

$\dot{Z}$ を実数部と虚数部からなる複素数で表現することを"インピーダンスの複素数表示"といいます。また、それぞれの式の2行目と3行目の表現法を"インピーダンスの虚座標表示"または"インピーダンスの極表示"といいます。ここで、θ_z をインピーダンス角といいます。インピーダンス $\dot{Z}$ の複素数表示は、**図8-5** と **図8-6** のように図示することができます。これをインピーダンス図といいます。

次に、インピーダンスの複素数表示の虚数部である、ωL と $\frac{1}{\omega C}$ を"リアクタンス"といいます。図8-2に示したように、ωL は電流 $\dot{I}$ に対して90°位

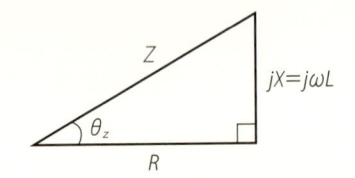

図8-5　$R-L$ 直列回路のインピーダンス図

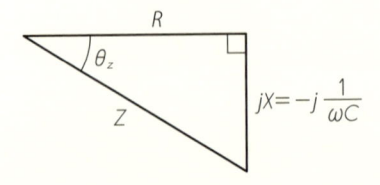

図8-6　$R-C$ 直列回路のインピーダンス図

相が進んだ $\dot{V}_L$ を生じるので"誘導性リアクタンス"といいます。また、$\dfrac{1}{\omega C}$ は、図 8-4 に示しように、電流 $\dot{I}$ に対して 90°位相が遅れた $\dot{V}_C$ を生じるので"容量性リアクタンス"といいます。

一般に、インピーダンスの複素数表示とインピーダンスの虚座標表示（インピーダンスの極表示）は、リアクタンスを X として

$$\dot{Z} = R + jX = \sqrt{R^2 + X^2} \angle \tan^{-1} \dfrac{X}{R} \quad \cdots\cdots (8.11)$$

のように表現することができます。ここで、抵抗に対して ωL や $\dfrac{1}{\omega C}$ をリアクタンスといい、一般に X で表現します。

ここで、リアクタンス X が正値のときのインピーダンス $\dot{Z}$ を"誘導性インピーダンス"といい、リアクタンス X が負値のときのインピーダンス $\dot{Z}$ を"容量性インピーダンス"といいます。

【例題 8-1】

図 8-7 の①〜⑤の回路のインピーダンス $\dot{Z}$ の複素数表示を求めなさい。また、これらの回路のインピーダンスは誘導性または容量性のどちらであるかを答えなさい。

① $R=5[\Omega]$

② $L=0.2[H]$
$f=50[Hz]$

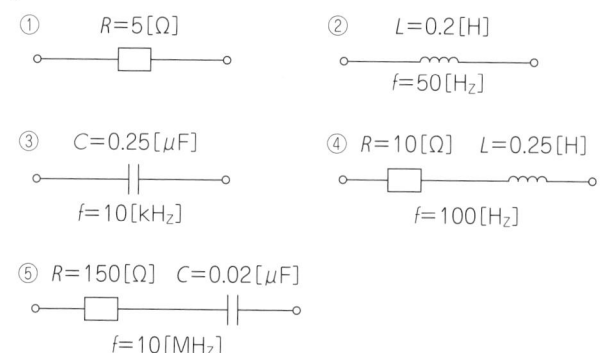

③ $C=0.25[\mu F]$
$f=10[kHz]$

④ $R=10[\Omega]$ $L=0.25[H]$
$f=100[Hz]$

⑤ $R=150[\Omega]$ $C=0.02[\mu F]$
$f=10[MHz]$

図 8-7 各回路のインピーダンスを求める

解説

インピーダンスの複素数表示である (8.9) 式と (8.10) 式〔または (8.11) 式〕

第8章 交流回路の直列接続

を使います。

① $\dot{Z} = R + jX = 5 + j0\ [\Omega]$

抵抗のみで、虚数部が0なので、誘導性または容量性のどちらでもない。

② $\dot{Z} = R + j\omega L = 0 + j(2\pi \times 50 \times 0.2) = 0 + j62.8\ [\Omega]$

虚数部（リアクタンス $X = \omega L$）が正値なので、誘導性インピーダンスである。

③ $\dot{Z} = R + \dfrac{1}{j\omega C} = R - j\dfrac{1}{\omega C} = 0 - j\dfrac{1}{2\pi \times 10 \times 10^3 \times 0.25 \times 10^{-6}}$

$= 0 - j63.7\ [\Omega]$

虚数部（リアクタンス $X = \dfrac{1}{\omega C}$）が負値なので、容量性インピーダンスである。

④ $\dot{Z} = R + j\omega L = 10 + j(2\pi \times 100 \times 0.25) = 10 + j157.1\ [\Omega]$

虚数部（リアクタンス $X = \omega L$）が正値なので、誘導性インピーダンスである。

⑤ $\dot{Z} = R + \dfrac{1}{j\omega C} = R - j\dfrac{1}{\omega C} = 150 - j\dfrac{1}{2\pi \times 10 \times 10^6 \times 0.02 \times 10^{-6}}$

$= 0 - j0.8\ [\Omega]$

虚数部（リアクタンス $X = \dfrac{1}{\omega C}$）が負値なので、容量性インピーダンスである。

解答

① $\dot{Z} = 5 + j0\ [\Omega]$

誘導性または容量性のどちらでもない。

② $\dot{Z} = 0 + j62.8\ [\Omega]$

誘導性インピーダンス

③ $\dot{Z} = 0 - j63.7\ [\Omega]$

容量性インピーダンス

④ $\dot{Z} = 10 + j\,157.1$ [Ω]

誘導性インピーダンス

⑤ $\dot{Z} = 0 - j\,0.8$ [Ω]

容量性インピーダンス

【例題 8-2】

図 8-8 の R-L 直列回路のインピーダンス図を描きなさい。

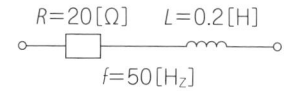

$R=20[\Omega] \quad L=0.2[H]$
$f=50[H_z]$

図 8-8　R-L 直列回路

解説

インピーダンスの複素数表示と極座標表示（極表示）は

$\dot{Z} = R + j\omega L$

$= 20 + j(2\pi \times 50 \times 0.2) = 20 + j\,62.8$ [Ω]

$= \sqrt{20^2 + 62.8^2} \angle \tan^{-1} \dfrac{62.8}{20}$

$= 65.9 \angle 72.3°$

となります。

解答

計算したインピーダンス $\dot{Z}$ を図示すると図 8-9 のようになります。

$Z=65.9[\Omega]$
$\omega L=62.8[\Omega]$
$\theta_Z=72.3°$
$R=20[\Omega]$

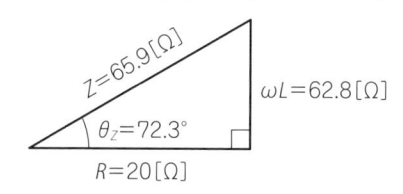

図 8-9　R-L 直列回路のインピーダンス $\dot{Z}$ を図示する

第 8 章　交流回路の直列接続

【例題 8-3】

図 8-10 の $R-L$ 直列回路に電流 $\dot{I} = 1\angle 0°$ [A] が流れているときの電圧 $\dot{V}_R$、$\dot{V}_L$、$\dot{V}$ のフェーザ表示とインピーダンス $\dot{Z}$ の複素数表示を求めなさい。また、$\dot{I}$、$\dot{V}_R$、$\dot{V}_L$、$\dot{V}$ の関係を示すフェーザ図を描きなさい。ただし、周波数 $f = 50$ [Hz] とする。

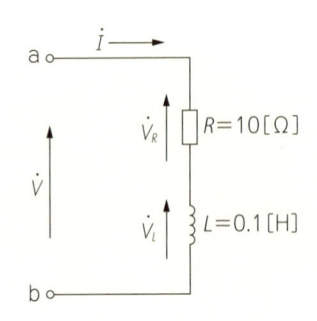

図 8-10　$R-L$ 直列回路

解説

最初に、$\dot{V}_R$、$\dot{V}_L$、$\dot{V}$ のフェーザ表示と複素数表示を求めます。(8.1)式、(8.2)式、(8.3)式を使います。

$$\dot{V}_R = R\dot{I} = 10 \times 1\angle 0° = 10\angle 0°$$
$$= 10 + j0 \ [\text{V}]$$

$$j\omega L = j(2\pi \times 50 \times 0.1) = j31.4 = \sqrt{0^2 + 31.4^2}\angle \tan^{-1}\frac{31.4}{0}$$
$$= 31.4\angle 90° \ [\Omega]$$

$$\dot{V}_L = j\omega L\dot{I} = 31.4\angle 90° \times 1\angle 0° = 31.4\angle 90°$$
$$= 31.4\cos 90° + j31.4\sin 90° = 0 + j31.4 \ [\text{V}]$$

$$\dot{V} = \dot{V}_R + \dot{V}_L = R\dot{I} + j\omega L\dot{I}$$
$$= (10 + j0) + (0 + j31.4) = 10 + j31.4$$
$$= \sqrt{10^2 + 31.4^2}\angle \tan^{-1}\frac{31.4}{10} = 33.0\angle 72.3° \ [\text{V}]$$

インピーダンス $\dot{Z}$ は、(8.9)式から

$$\dot{Z} = R + j\omega L = 10 + j\,31.4\ [\Omega]$$

が得られます。

解答

$\dot{V}_R = 10\angle 0°\ [\mathrm{V}]$、$\dot{V}_L = 31.4\angle 90°\ [\mathrm{V}]$、$\dot{V} = 59.0\angle 32.1°\ [\mathrm{V}]$、
$\dot{Z} = 10 + j\,0.628\ [\Omega]$

$\dot{I}$、$\dot{V}_R$、$\dot{V}_L$、$\dot{V}$ の関係を示すフェーザ図は図 8-11 のようになります。

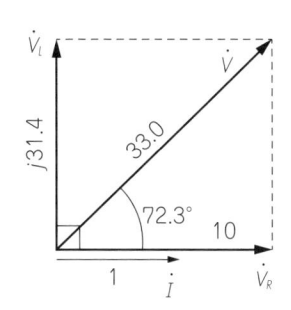

図 8-11　フェーザ図（*R-L* 直列回路）

【例題 8-4】

図 8-12 の *R-C* 直列回路に電流 $\dot{I} = 1\angle 0°\ [\mathrm{A}]$ が流れているときの電圧 $\dot{V}_R$、$\dot{V}_L$、$\dot{V}$ のフェーザ表示とインピーダンス $\dot{Z}$ の複素数表示を求めなさい。また、$\dot{I}$、$\dot{V}_R$、$\dot{V}_L$、$\dot{V}$ の関係を示すフェーザ図を描きなさい。ただし、周波数 $f = 50\ [\mathrm{Hz}]$ とする。

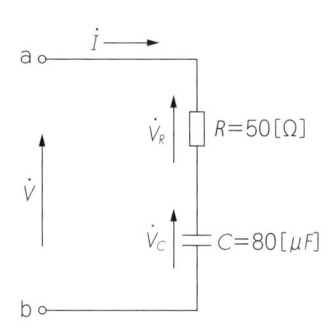

図 8-12　*R-C* 直列回路

第 8 章　交流回路の直列接続

解説

最初に、$\dot{V}_R$、$\dot{V}_L$、$\dot{V}$ のフェーザ表示と複素数表示を求めます。(8.1)式、(8.2)式、(8.3)式を使います。

$$\dot{V}_R = R\dot{I} = 50 \times 1 \angle 0° = 50 \angle 0°$$
$$= 50 + j\,0\ [\text{V}]$$

$$\frac{1}{j\omega C} = \frac{1}{j(2\pi \times 50 \times 80 \times 10^{-6})} = -j\,39.8$$

$$= \sqrt{0^2 + (-39.8)^2} \angle \tan^{-1}\frac{-39.8}{0} = 39.8 \angle -90°\ [\Omega]$$

$$\dot{V}_C = \frac{1}{j\omega C}\dot{I} = 39.8 \angle -90° \times 1 \angle 0° = 39.8 \angle -90°$$
$$= 39.8 \cos(-90°) + j\,39.8 \sin(-90°) = 0 - j\,39.8\ [\text{V}]$$

$$\dot{V} = \dot{V}_R + \dot{V}_L = R\dot{I} + j\omega L\dot{I}$$
$$= (50 + j\,0) + (0 - j\,39.8) = 50 - j\,39.8$$
$$= \sqrt{50^2 + (-39.8)^2} \angle \tan^{-1}\frac{-39.8}{50} = 63.9 \angle -38.5°\ [\text{V}]$$

インピーダンス $\dot{Z}$ は、(8.10)式から

$$\dot{Z} = R + \frac{1}{j\omega C} = 50 - j\,39.8\ [\Omega]$$

が得られます。

解答

$\dot{V}_R = 50 \angle 0°\ [\text{V}]$

$\dot{V}_C = 39.8 \angle -90°\ [\text{V}]$

$\dot{V} = 63.9 \angle -38.5°\ [\text{V}]$

$\dot{Z} = 50 - j\,39.8\ [\Omega]$

$\dot{I}$、$\dot{V}_R$、$\dot{V}_L$、$\dot{V}$ の関係を示すフェーザ図は図 8-13 のようになります。

8-2 インピーダンスとアドミッタンス

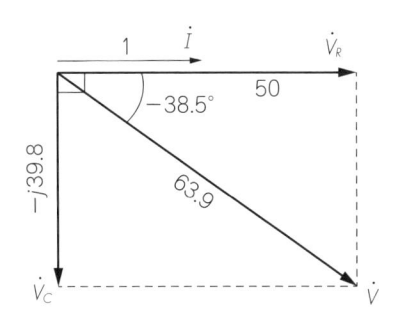

図 8-13　フェーザ図（R-C 直列回路）

（2）アドミッタンス

インピーダンス $\dot{Z}$ の逆数をアドミッタンス $\dot{Y}$ といいます。

$$\dot{Y} = \frac{1}{\dot{Z}} \quad \cdots\cdots (8.12)$$

ここで、$\dot{Z} = Z \angle \theta_z$ とすると、(8.12)式は

$$\dot{Y} = \frac{1}{\dot{Z}} = \frac{1}{Z \angle \theta_z} = \frac{1}{Z} \angle -\theta_z \equiv Y \angle \theta_y \ [\text{S}] \quad \cdots\cdots (8.13)$$

となります。(8.13)式を"アドミッタンスの極表示"または"アドミッタンスの座標表示"といいます。単位は［S］("ジーメンス"と発音）です。ここで、Y を"アドミッタンスの大きさ"、θ_y を"アドミッタンス角"といいます。

アドミッタンスを複素数表示すると

$$\dot{Y} = Y \angle \theta_y = Y \cos\theta_y + j \sin\theta_y \equiv G + jB \quad \cdots\cdots (8.14)$$

のように書くことができます。ここで、$\dot{Y}$ の実数部 G を"コンダクタンス"、虚数部を"サセプタンス"といいます。アドミッタンス図は**図 8-14** のようになります。

また、アドミッタンス角 θ_y が $\theta_y < 0$ のときは"誘導性サセプタンス"、$\theta_y > 0$ のときは"容量性サセプタンス"といいます。誘導性サセプタンスの場合は、$\dot{V}$ に対して電流 $\dot{I}$ が遅れます。また、容量性サセプタンスの場合は、逆に、$\dot{V}$ に対して電流 $\dot{I}$ が進みます。

第8章 交流回路の直列接続

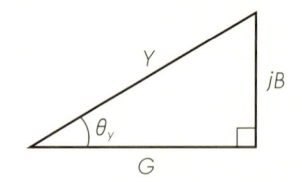

図8-14 アドミタンスの図

【例題 8-5】

例題 8-2 で示した図 8-8 の $R-L$ 直列回路のアドミタンス $\dot{Y}$ を極表示と複素数表示で求めなさい。また、アドミタンス図を描きなさい。さらに、サセプタンスは誘導性または容量性かを答えなさい。

解説

$\dot{Z} = 65.9 \angle 72.3°$ を (8.13) 式に代入します。

$$\dot{Y} = \frac{1}{\dot{Z}} = \frac{1}{65.9 \angle 72.3°} = 0.0152 \angle -72.3° \, [\mathrm{S}] = 15.2 \angle -72.3° \, [\mathrm{mS}]$$

$$= 15.2 \cos(-72.3°) + j\,15.2 \sin(-72.3°) = 4.6 - j\,14.5 \, [\mathrm{mS}]$$

ここで、$1\,[\mathrm{mS}] = 10^{-3}\,[\mathrm{S}]$ です。

解答

$\dot{Y} = 15.2 \angle -72.3° \, [\mathrm{mS}] = 4.6 - j\,14.5 \, [\mathrm{mS}]$

アドミタンス図は**図 8-15** のようになります。

アドミタンス角 θ_y は、$\theta_y = -72.3° < 0$ なので誘導性サセプタンスである。

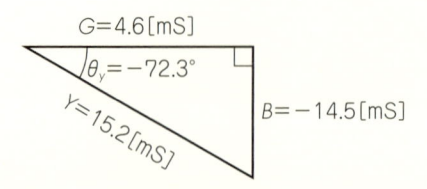

図 8-15　$R-L$ 直列回路のアドミタンス図

【例題 8-6】

例題 8-4 の R-C 直列回路のアドミッタンス $\dot{Y}$ を極表示と複素数表示で求めなさい。また、アドミッタンス図を描きなさい。さらに、サセプタンスは誘導性または容量性かを答えなさい。

解説

$$\dot{Z} = R + \frac{1}{j\omega C} = 50 - j\,39.8\ [\Omega]\ \text{を}(8.13)\text{式に代入します。}$$

$$\dot{Y} = \frac{1}{\dot{Z}} = \frac{1}{50 - j\,39.8} = \frac{50 + j\,39.8}{(50 - j\,39.8)(50 + j\,39.8)} = \frac{50 + j\,39.8}{50^2 + 39.8^2}$$

$$= 0.0122 + j\,0.0097\ [\text{S}] = 12.2 + j\,9.7\ [\text{mS}]$$

$$= \sqrt{12.2^2 + 9.7^2} \angle \tan^{-1} \frac{9.7}{12.2} = 15.6 \angle 38.5°\ [\text{mS}]$$

解答

$\dot{Y} = 15.6 \angle 38.5°\ [\text{mS}] = 12.2 + j\,9.7\ [\text{mS}]$

アドミッタンス図は**図 8-16** のようになります。

アドミッタンス角 θ_y は、$\theta_y = 38.5° > 0$ なので容量性サセプタンスである。

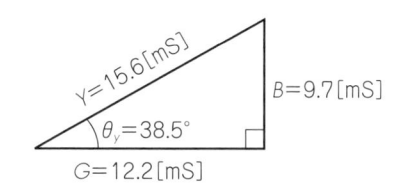

図 8-16 R-C 直列回路のアドミッタンス図

第9章
交流回路の並列接続

　交流回路の回路要素の並列接続について、フェーザ図とインピーダンスの複素数表示、極座標表示（極表示）、インピーダンス図について説明します。次に、リアクタンスと誘導性インピーダンスおよび容量性インピーダンスの関係、インピーダンスとアドミッタンスの関係について説明します。最後に、インピーダンス同士またはインピーダンスとアドミッタンスを直列接続した場合の合成インピーダンスの求め方について説明します。

9-1　並列接続

　抵抗とインダクタンスの並列接続、抵抗とキャパシタンスの並列接続について説明します。

（1）抵抗とインダクタンスの並列接続

　抵抗 R とインダクタンス L の並列回路を図 9-1 に示します。この並列回路に電圧 $\dot{V} = V\angle\theta_v$ [V] が加わっているとします。抵抗 R とインダクタンス L それぞれに流れる電流 $\dot{I}_R$ と $\dot{I}_L$ は、

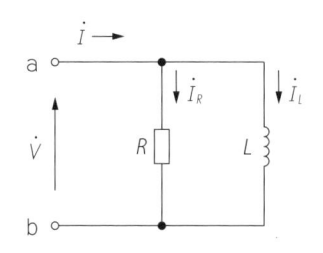

図 9-1　抵抗 R とインダクタンス L の並列回路（R-L 並列回路）

第 9 章 交流回路の並列接続

$$\dot{I}_R = \frac{\dot{V}}{R} \quad \cdots\cdots (9.1)$$

$$\dot{I}_L = \frac{\dot{V}}{j\omega L} = -j\frac{\dot{V}}{\omega L} \quad \cdots\cdots (9.2)$$

となります。

したがって、端子 a–b 間から流れ込む電流 I は、$\dot{I}_R$ と $\dot{I}_L$ の和になるので、

$$\dot{I} = \dot{I}_R + \dot{I}_L = \frac{\dot{V}}{R} - j\frac{\dot{V}}{\omega L} = \left(\frac{1}{R} - j\frac{1}{\omega L}\right)\dot{V} \quad \cdots\cdots (9.3)$$

となります。

ここで、$\dot{I}_R$ と $\dot{I}_L$ は位相が 90°異なっているので（$\dot{I}_L$ は $\dot{I}_R$ より位相が 90°遅れるので）、フェーザ図は**図 9-2**のようになります。

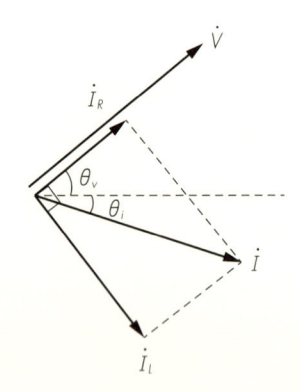

図 9-2　*R−L* 並列回路のフェーザ図

（2）　抵抗とキャパシタンスの並列接続

　抵抗 R とキャパシタンス C の並列回路を図 9-3 に示します。この並列回路に電圧 $\dot{V} = V\angle\theta_v$ [V] が加わっているとします。抵抗 R とキャパシタンス C それぞれに流れる電流 $\dot{I}_R$ と $\dot{I}_C$ は、

$$\dot{I}_R = \frac{\dot{V}}{R} \quad \cdots\cdots (9.4)$$

$$\dot{I}_C = j\omega C \dot{V} \quad \cdots\cdots (9.5)$$

となります。

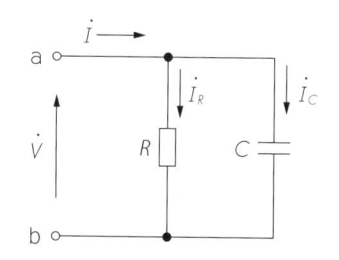

図9-3 抵抗 R とインダクタンス C の並列回路（R-C 並列回路）

したがって、端子 a–b 間から流れる電流 $\dot{I}$ は、$\dot{I}_R$ と $\dot{I}_C$ の和になるので、

$$\dot{I} = \frac{\dot{V}}{R} + j\omega C \dot{V} = \left(\frac{1}{R} + j\omega C\right)\dot{V} \quad \cdots\cdots(9.6)$$

となります。

ここで、$\dot{I}_R$ は $\dot{I}_C$ より位相が 90° 進んでいるので、フェーザ図は**図9-4**のようになります。

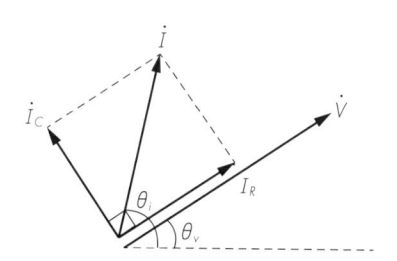

図9-4　R-C 並列回路のフェーザ図

9-2　アドミッタンス

R-L 並列回路と R-C 並列回路のアドミッタンスを求めます。アドミッタンス $\dot{Y}$ はインピーダンス $\dot{Z}$ の逆数として定義されます〔第8章(8.12)〜(8.14)式を参照〕。

R-L 並列回路のアドミッタンスは(9.3)式から、

$$\dot{Y} = \frac{\dot{I}}{\dot{V}} = \frac{1}{R} - j\frac{1}{\omega L} \quad \cdots\cdots(9.7)$$

第9章 交流回路の並列接続

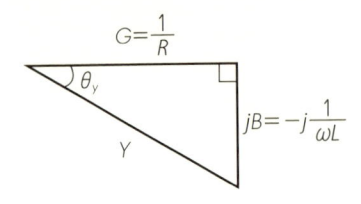

図9-5 R-L 並列回路のアドミッタンス図

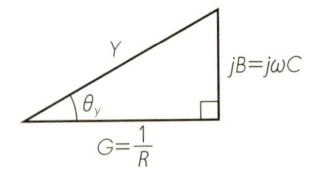

図9-6 R-C 並列回路のアドミッタンス図

R-C 並列回路のアドミッタンスは(9.6)式から、

$$\dot{Y} = \frac{\dot{I}}{\dot{V}} = \frac{1}{R} + j\omega C \quad \cdots\cdots (9.8)$$

となります。

(9.7)式と(9.8)式を極表示で表すと

$$\dot{Y} = \left(\frac{1}{R} - j\frac{1}{\omega L}\right) = \sqrt{\left(\frac{1}{R}\right)^2 + \left(\frac{1}{\omega L}\right)^2} \angle \tan^{-1}\left(-\frac{R}{\omega L}\right) \equiv Y \angle \theta_y$$
$$\cdots\cdots (9.9)$$

$$\dot{Y} = \left(\frac{1}{R} + j\omega C\right) = \sqrt{\left(\frac{1}{R}\right)^2 + (\omega C)^2} \angle \tan^{-1} \omega CR \equiv Y \angle \theta_y \quad \cdots\cdots (9.10)$$

となります。

R-L 並列回路と R-C 並列回路のアドミッタンス図は、それぞれ**図9-5**と**図9-6**のようになります。

(9.9)式と(9.10)式のアドミッタンス $\dot{Y}$ をコンダクタンス G とサセプタンス B で表すと、

$$\dot{Y} = G + jB = \sqrt{G^2 + B^2} \angle \tan^{-1}\frac{B}{G} \equiv Y \angle \theta_y \quad \cdots\cdots (9.11)$$

となります。ここで、$G = \frac{1}{R}$、$B = -\frac{1}{\omega L} < 0$ または $\omega C > 0$ です。コンダクタンス G は必ず正の値となり、サセプタンス B は正または負の値をとります。

インピーダンス $\dot{Z}$ は、アドミッタンス $\dot{Y}$ の定義から

9-2 アドミタンス

$$\dot{Z} = \frac{1}{\dot{Y}} = \frac{1}{Y\angle\theta_y} = \frac{1}{Y}\angle-\theta_y$$

$$\equiv Z\angle\theta_z = Z\cos\theta_z + jZ\sin\theta_z$$

$$\equiv R + jX \quad \cdots\cdots(9.12)$$

のように表すことができます。

【例題 9-1】

図 9-7 の $R-L$ 並列回路のアドミタンス $\dot{Y}$ の複素数表示と極表示を求めなさい。また、アドミタンス図を描きなさい。次に、アドミタンス $\dot{Y}$ からインピーダンス $\dot{Z}$ の複素数表示と極表示を求めなさい。また、インピーダンス図を描きなさい。ただし、周波数 $f = 50$ [Hz] とする。

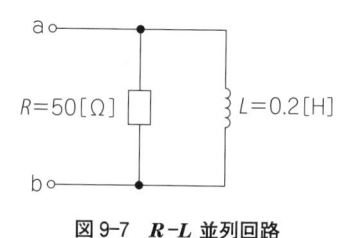

図 9-7　$R-L$ 並列回路

解説

アドミタンス $\dot{Y}$ の複素数表示と極表示は、(9.9)式から

$$\dot{Y} = \frac{1}{R} - j\frac{1}{\omega L}$$

$$= \frac{1}{20} - j\frac{1}{2\pi \times 50 \times 0.2} = 0.05 - j\,0.01592 \text{ [S]}$$

$$= \sqrt{0.05^2 + (-0.01592)^2}\angle\tan^{-1}\frac{-0.01592}{0.05}$$

$$= 0.0525\angle-17.7° \text{ [S]} \quad \cdots\cdots(9.13)$$

となります。

次に、インピーダンス $\dot{Z}$ の複素数表示と極表示は、(9.12)式から

第 9 章　交流回路の並列接続

$$\dot{Z} = \frac{1}{\dot{Y}} = \frac{1}{Y\angle\theta_y} = \frac{1}{0.0525\angle -17.66°} = 19.05\angle 17.7°\ [\Omega]$$
$$= 19.05\cos 17.7° + j19.05\sin 17.7°$$
$$= 18.15 + j5.79\ [\Omega]\quad\cdots\cdots(9.14)$$

解答

$\dot{Y} = 0.05 - j0.01592\ [S] = 0.05248\angle -17.66°\ [S]$

計算したアドミッタンス $\dot{Y}$ を図示すると図 9-8 のようになります。

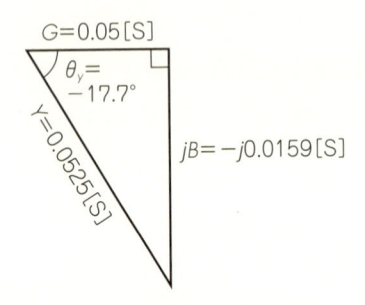

```
       G=0.05[S]
     ┌─────────┐
     │ θy=
     │ -17.7°
Y=0.0525[S]    jB=-j0.0159[S]
```

図 9-8　R-L 並列回路のアドミッタンス図

$\dot{Z} = 19.05\angle 17.66°\ [\Omega] = 18.15 + j5.78\ [\Omega]$

計算したインピーダンス $\dot{Z}$ を図示すると図 9-9 のようになります。

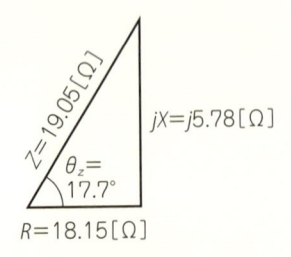

```
       Z=19.05[Ω]    jX=j5.78[Ω]
        θz=
        17.7°
       R=18.15[Ω]
```

図 9-9　R-L 並列回路のインピーダンス図

【例題 9-2】

図 9-7 の端子 a から $\dot{I} = 2\angle 0°$ の電流を流したときの端子電圧 $\dot{V}$ のフェーザ表示と、抵抗 R とインダクタンス L に流れ込む電流 $\dot{I}_R$ と $\dot{I}_L$ のフェーザ表

9-2 アドミッタンス

示を求めなさい。次に、$\dot{I}$、$\dot{I}_R$、$\dot{I}_L$、$\dot{V}$ の関係を示すフェーザ図を描きなさい。

解説

端子電圧 $\dot{V}$ のフェーザ表示を求めます。(9.14)式の $\dot{Z}$ の極表示の計算値を使って、以下の計算をします。

$$\dot{V} = \dot{Z}\dot{I} = 19.05\angle 17.7° \times 2\angle 0° = 38.1\angle 17.7° \ [\text{V}]$$

または、(9.13)式のアドミッタンス $\dot{Y}$ の極表示の計算値を使って以下の計算をします。

$$\dot{V} = \frac{\dot{I}}{\dot{Y}} = \frac{2\angle 0°}{0.0525\angle -17.7°} = 38.1\angle 17.7° \ [\text{V}]$$

次に、抵抗 R とインダクタンス L に流れる電流 $\dot{I}_R$ と I_L を求めます。

$$\dot{I}_R = \frac{\dot{V}}{R} = \frac{38.1\angle 17.7°}{20} = 1.905\angle 17.7° \ [\text{A}]$$

$$\dot{I}_L = \frac{\dot{V}}{j\omega L} = -j\frac{\dot{V}}{\omega L} = -j\,0.0159 \times 38.1\angle 17.7°$$

$$= 0.0159\angle -90° \times 38.1\angle 17.7°$$

$$= 0.0159 \times 38.1\angle(-90° + 17.7°) = 0.606\angle -72.3° \ [\text{A}]$$

解答

$\dot{V} = 38.1\angle 17.7° \ [\text{V}]$

$\dot{I}_R = 1.905\angle 17.7° \ [\text{A}]$

$\dot{I}_L = 0.606\angle -72.3° \ [\text{A}]$

上記の極表示の計算結果から、$\dot{I}$、$\dot{I}_R$、$\dot{I}_L$、$\dot{V}$ の関係を示すフェーザ図は**図 9-10** になります。

第9章 交流回路の並列接続

図9-10 $\dot{I}$、$\dot{I}_R$、$\dot{I}_L$、$\dot{V}$ の関係を示すフェーザ図

【例題9-3】

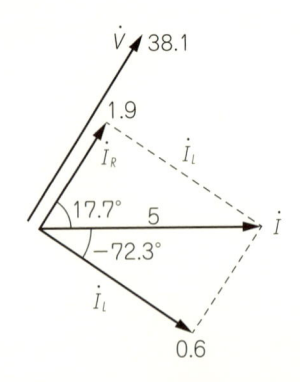

図9-11の R-C 直列回路の端子a-b間のアドミッタンスの複素数表示と極表示を求めなさい。ただし、周波数 $f = 50$［Hz］とする。

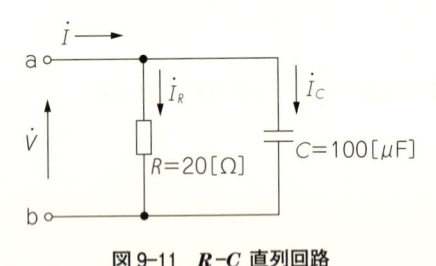

図9-11 R-C 直列回路

【解説】

(9.8)式を使います。

$$\dot{Y} = \frac{\dot{I}}{\dot{V}} = \frac{1}{R} + j\omega C = \frac{1}{20} + j(2\pi \times 50 \times 100 \times 10^{-6}) = 0.05 + j\,0.0314\ [\text{S}]$$

$$= \sqrt{0.05^2 + 0.0314^2} \angle \tan^{-1}\frac{0.0314}{0.05} = 0.0590 \angle 32.13°\ [\text{S}]$$

【解答】

$0.05 + j\,0.0314$［S］、$0.059 \angle 32.13°$［S］

【例題 9-4】

図 9-11 の R-C 並列回路の端子 a-b 間に周波数 $f=50$ [Hz]、$\dot{V}=100\angle 0°$ [V] の電圧を加えた。電流 $\dot{I}_R$、$\dot{I}_C$、$\dot{I}$ のフェーザ表示と複素数表示を求めなさい。また、$\dot{V}$、$\dot{I}_R$、$\dot{I}_C$、$\dot{I}$ の関係を示すフェーザ図を描きなさい。

解説

$\dot{I}_R$、$\dot{I}_C$、$\dot{I}$ のフェーザ表示と複素数表示をそれぞれ求めます。

$$\dot{I}_R = \frac{1}{R}\dot{V} = \frac{1}{20}\times 100\angle 0° = 5\angle 0° \text{ [A]}$$

$$= 5\cos 0° + j5\sin 0° = 5+j0 \text{ [A]}$$

$$\dot{I}_C = j\omega C \times \dot{V} = j0.0314\times 100\angle 0° = 0.0314\angle 90° \times 100\angle 0°$$

$$= 3.14\angle(90°+0°) = 3.14\angle 90°$$

$$= 3.14\cos 90° + j3.14\sin 90° = 0+j3.14 \text{ [A]}$$

$$\dot{I} = \dot{I}_R + \dot{I}_C = (5+j0)+(0+j3.14) = 5+j3.14 \text{ [A]}$$

$$= \sqrt{5^2+3.14^2}\angle \tan^{-1}\frac{3.14}{5} = 5.904\angle 32.13°$$

解答

$\dot{I}_R = 5\angle 0° = 5+j0$ [A]
$\dot{I}_C = 3.14\angle 90° = 0+j3.14$ [A]
$\dot{I} = 5+j3.14 = 5.904\angle 32.13°$ [A]
$\dot{V}$、$\dot{I}_R$、$\dot{I}_C$、$\dot{I}$ の関係を示すフェーザ図は**図 9-12** になります。

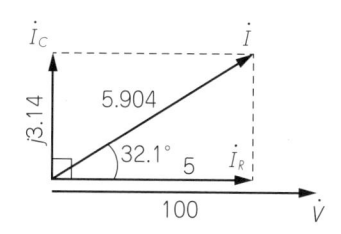

図 9-12　$\dot{V}$、$\dot{I}_R$、$\dot{I}_C$、$\dot{I}$ の関係を示すフェーザ図

9-3 合成インピーダンス

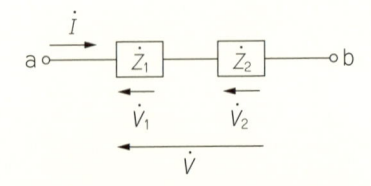

合成インピーダンスとして、インピーダンスの直列接続、インピーダンスとアドミッタンスの直列接続について説明します。

（1）インピーダンスの直列接続

インピーダンス $\dot{Z}_1$、$\dot{Z}_2$ を直列に接続した回路を図9-13に示します。この回路に電流 $\dot{I} = I\angle\theta_i$ が流れているときの各インピーダンスの端子電圧は、

$$\dot{V}_1 = \dot{Z}_1 \dot{I} \quad \cdots\cdots (9.15)$$

$$\dot{V}_2 = \dot{Z}_2 \dot{I} \quad \cdots\cdots (9.16)$$

となります。

全体の端子 a–b 間の電圧 $\dot{V}$ は、各電圧の和として与えられるので、

$$\dot{V} = \dot{V}_1 + \dot{V}_2 = \dot{Z}_1 \dot{I} + \dot{Z}_2 \dot{I} = (\dot{Z}_1 + \dot{Z}_2)\dot{I} \quad \cdots\cdots (9.17)$$

となります。

したがって、端子 a–b 間の合成インピーダンス $\dot{Z}$ は、

$$\dot{Z} = \frac{\dot{V}}{\dot{I}} = \frac{(\dot{Z}_1 + \dot{Z}_2)\dot{I}}{\dot{I}} = \dot{Z}_1 + \dot{Z}_2 \quad \cdots\cdots (9.18)$$

となります。すなわち、合成インピーダンス $\dot{Z}$ は、各インピーダンス $\dot{Z}_1$、$\dot{Z}_2$ の和になります。

各インピーダンス．$\dot{Z}_1$、$\dot{Z}_2$ が極表示で与えられているときは、いったん複素数表示に変換してから実数部と虚数部に分けて、それぞれ別々に加え合わせます。

$$\dot{V}_1 = \dot{Z}_1 \angle \theta_1 = Z_1 \cos\theta_1 + jZ_1 \sin\theta_1 \equiv R_1 + jX_1 \quad \cdots\cdots (9.19)$$

$$\dot{V}_2 = Z_2 \angle \theta_2 = Z_2 \cos\theta_2 + jZ_2 \sin\theta_2 \equiv R_2 + jX_2 \quad \cdots\cdots (9.20)$$

図9-13 インピーダンスの直列接続

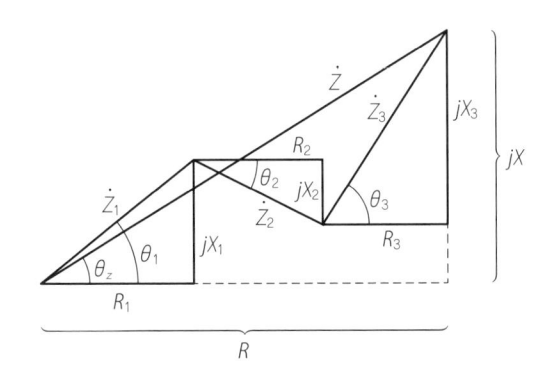

9-3 合成インピーダンス

合成インピーダンス $\dot{Z}$ は、

$$\dot{Z} = \dot{Z}_1 + \dot{Z}_2 = (R_1 + R_2) + j(X_1 + X_2)$$
$$= R + jX \quad \cdots\cdots (9.21)$$

となります。ここで、$R = R_1 + R_2$、$X = X_1 + X_2$ です。

各インピーダンス $\dot{Z}_1$、$\dot{Z}_2$、$\dot{Z}_3$ の合成インピーダンス $\dot{Z}$ のインピーダンス図を描くと、図 9-14 になります。

図 9-14 合成インピーダンス $\dot{Z}$ のインピーダンス図

(2) インピーダンスとアドミッタンスの直列接続

インピーダンス $\dot{Z}_1$ とアドミッタンス $\dot{Y}_2$ を直列に接続した回路を図 9-15 に示します。この回路に電流 $\dot{I} = I \angle \theta_i$ が流れているときの各端子電圧は、

$$\dot{V}_1 = \dot{Z}_1 \dot{I} \quad \cdots\cdots (9.22)$$

$$\dot{I} = \dot{Y}_2 \dot{V}_2 = \frac{1}{\dot{Z}_2} \dot{V}_2 \text{ から } \dot{V}_2 = \dot{Z}_2 \dot{I} \quad \cdots\cdots (9.23)$$

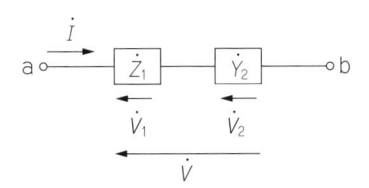

図 9-15 インピーダンスとアドミッタンスの直列回路

第9章 交流回路の並列接続

となります。ここで、$\dot{Y}_2 = \dfrac{1}{\dot{Z}_2}$ です。

すなわち、アドミッタンス $\dot{Y}_2$ をインピーダンス $\dot{Z}_2$ に変換すれば、(9.19)式と同じように合成インピーダンスを求めることができます。

【例題 9-5】

図 9-16 の直並列回路の合成インピーダンスを求めなさい。また、端子 a–b 間に電圧 $\dot{V} = 100\angle 0°$ [V] を加えたときの電流 $\dot{I}$、$\dot{I}_R$、$\dot{I}_C$、端子電圧 $\dot{V}_1$、$\dot{V}_2$ を求めなさい。最後に、$\dot{V}$、$\dot{V}_1$、$\dot{V}_2$、$\dot{I}$、$\dot{I}_R$、$\dot{I}_C$ の関係を示すフェーザ図を描きなさい。ただし、周波数 $f = 50$ [Hz] とする。

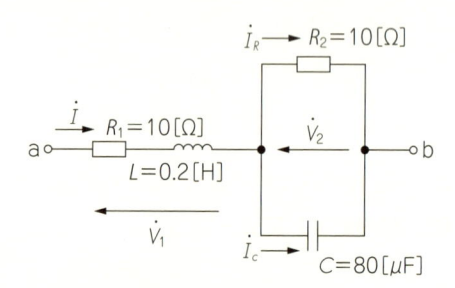

図 9-16 直並列回路

解説

抵抗 R_1 とインダクタンス L の直列接続のインピーダンス $\dot{Z}_1$ は、

$$\dot{Z}_1 = \dot{R}_1 + j\omega L = 10 + j(2\pi \times 50 \times 0.2) = 10 + j\,62.83 \ [\Omega]$$

$$= \sqrt{10^2 + 62.83^2} \angle \tan^{-1} \dfrac{62.83}{10} = 63.62 \angle 80.96° \ [\Omega]$$

抵抗 R_2 とキャパシタンス C の並列接続のアドミッタンス $\dot{Y}_2$ とインピーダンス $\dot{Z}_2$ は、

$$\dot{Y}_2 = \dfrac{1}{R_2} + j\omega C = \dfrac{1}{10} + j(2\pi \times 50 \times 80 \times 10^{-6}) = 0.1 + j\,0.0251 \ [\text{S}]$$

9-3 合成インピーダンス

$$= \sqrt{0.1^2 + 0.0251^2} \angle \tan^{-1}\frac{0.0251}{0.1} = 0.103\angle 14.09° \ [\text{S}]$$

$$\dot{Z}_2 = \frac{1}{\dot{Y}_2} = \frac{1}{0.103\angle 14.09°} = 9.709\angle -14.09°$$

$$= 9.709\cos(-14.09°) + j\,9.709\sin(-14.09°) = 9.417 - j\,2.364 \ [\Omega]$$

端子 a–b 間の合成インピーダンス $\dot{Z}$ は、

$$\dot{Z} = \dot{Z}_1 + \dot{Z}_2 = (10 + j\,62.83) + (9.417 - j\,2.364) = 19.42 + j\,60.47 \ [\Omega]$$

$$= \sqrt{19.42^2 + 60.47^2} \angle \tan^{-1}\frac{60.47}{19.42} = 63.51\angle 72.2° \ [\Omega]$$

となります。

端子 a–b 間に電圧 $\dot{V} = 100\angle 0°$ [V] を加えたときの電流 $\dot{I}$ は、

$$\dot{I} = \frac{\dot{V}}{\dot{Z}} = \frac{100\angle 0°}{63.51\angle 72.20°} = 1.57\angle -72.2° \ [\text{A}]$$

となります。

インピーダンス $\dot{Z}_1$ と $\dot{Z}_2$ のそれぞれの端子電圧 $\dot{V}_1$ と $\dot{V}_2$ は、

$$\dot{V}_1 = \dot{Z}_1\dot{I} = 63.62\angle 80.96° \times 1.57\angle -70.2°$$

$$= (63.62 \times 1.57) \angle (80.96 - 70.2) = 99.9\angle 10.76° \ [\text{V}]$$

$$\dot{V}_2 = \dot{Z}_2\dot{I} = 9.709\angle -14.09° \times 1.57\angle -70.2°$$

$$= (9.709 \times 1.57) \angle (-14.09 - 70.2) = 15.24\angle -84.29 \ [\text{V}]$$

となります。

抵抗 R_2 とインダクタンス C にそれぞれ流れる電流 $\dot{I}_R$ と $\dot{I}_C$ は、

$$\dot{I}_R = \frac{\dot{V}_2}{R_2} = \frac{15.24\angle -84.29°}{10} = 1.524\angle -84.29° \ [\text{A}]$$

$$\dot{I}_C = j\omega C\dot{V}_2 = j(2\pi \times 50 \times 80 \times 10^{-6}) \times 15.24\angle -84.29°$$

$$= (0.0251 \times 15.24) \angle (90 - 84.29) = 0.383\angle 5.71° \ [\text{A}]$$

解答

$\dot{Z} = 19.42 + j\,60.47 \ [\Omega] \ = 63.51\angle 72.2° \ [\Omega]$

$\dot{V}_1 = 99.9\angle 10.8° \ [\text{V}]$

第9章 交流回路の並列接続

$\dot{V}_2 = 15.24\angle -84.29°$ [V]

$\dot{I} = 1.57\angle -72.2°$ [A]

$\dot{I}_R = 1.524\angle -84.29°$ [A]

$\dot{I}_C = 0.383\angle 5.71°$ [A]

$\dot{V}$、$\dot{V}_1$、$\dot{V}_2$、$\dot{I}$、$\dot{I}_R$、$\dot{I}_C$ の関係を示すフェーザ図を描くと、**図 9-17** になります。

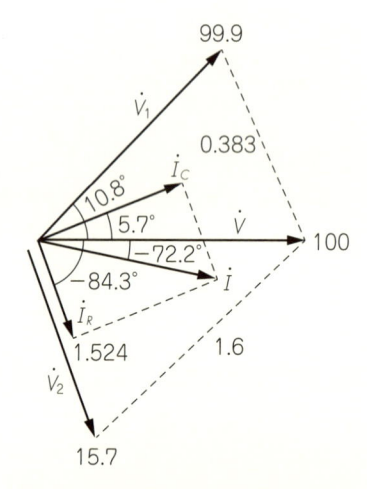

図9-17 $\dot{V}$、$\dot{V}_1$、$\dot{V}_2$、$\dot{I}$、$\dot{I}_R$、$\dot{I}_C$ の関係を示すフェーザ図

第 10 章
交流の電力と交流回路網の諸定理

　正弦波交流が抵抗負荷やキャパシタンスに加わったときの有効電力、無効電力、皮相電力、力率について例題を通して説明します。また、R、L、C が接続された負荷回路に正弦波交流を加えたときの力率改善について説明します。最後に、交流回路網の諸定理について説明します。具体的な例として、キルヒホッフの法則、鳳・テブナンの定理の適用について例題で説明します。

10-1　電力と力率

　正弦波交流が負荷に加わったときの有効電力、無効電力、皮相電力、力率について説明します。

（1）電力の計算

　正弦波交流 v が負荷に加わり電流 i が流れるとします（**図 10-1**）。このとき負荷には、電力 p が流れ込みます。

$$p = v \times i \quad \cdots\cdots (10.1)$$

正弦波交流 v と i を (10.2) 式と (10.3) 式で表すと、電力 p は (10.4) 式のよ

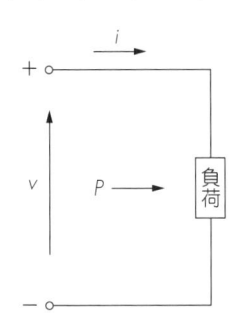

図 10-1　正弦波交流を負荷に加えたときの電力

第10章　交流の電力と交流回路網の諸定理

うになります。

$$v = V_m \sin(\omega t + \theta_v) \quad \cdots\cdots (10.2)$$

$$i = I_m \sin(\omega t + \theta_v) \quad \cdots\cdots (10.3)$$

$$p = v \times i = V_m \sin(\omega t + \theta_v) \times I_m \sin(\omega t + \theta_i)$$

$$= \frac{1}{2} V_m I_m \{\cos(\theta_v - \theta_i) - \cos(2\omega t + \theta_v + \theta_i)\} \quad \cdots\cdots (10.4)$$

または、

$$p = i \times v = I_m \sin(\omega t + \theta_i) \times V_m \sin(\omega t + \theta_v)$$

$$= \frac{1}{2} I_m V_m \{\cos(\theta_i - \theta_v) - \cos(2\omega t + \theta_i + \theta_v)\} \quad \cdots\cdots (10.5)$$

ここで、V_m、I_m は正弦波交流電圧、電流の最大値です。

電力 p の式は、一定の正の値 $P = \dfrac{1}{2} V_m I_m \cos(\theta_v - \theta_i)$ と、正弦波交流 v と i に対し2倍の周波数で正負対象に変化する $p' = \dfrac{1}{2} V_m I_m \cos(2\omega t + \theta_v + \theta_i)$ との差 $P-p'$ であることを意味します。

第1項である $P = \dfrac{1}{2} V_m I_m \cos(\theta_v - \theta_i)$ は、電力 p の平均値になります。

正弦波交流 v と i、電力 p の関係を時間的な変化として表わすと、**図10-2** のようになります。図では $\theta_v = 0$ としています。v と i が同じ向きの場合は、

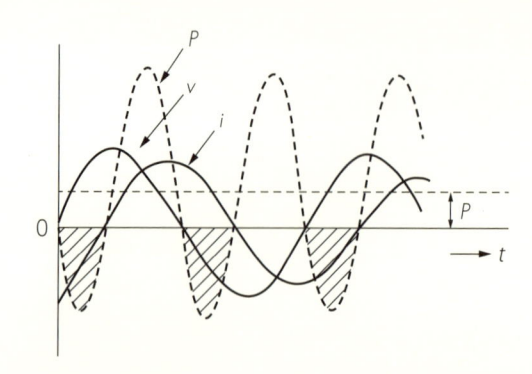

図10-2　正弦波交流 v と i、電力 p の関係を時間的な変化

電力 p は正で、エネルギーは負荷に向かって流れます。これに対して、v と i が逆向きの場合は、電力 p は負で、負荷で一時的に蓄積したエネルギーが電源側に向かって流れ（戻り）ます。

〈三角公式〉

$$\sin x \sin y = \frac{1}{2}\{\cos(x-y)-\cos(x+y)\}$$

（2）有効電力

(10.4)式で、第2項を1週期にわたって平均すると、第2項の時間変化は正負対象であるので0となります。したがって、(10.4)式は第1項（一定の正の値）のみが残ります。

すなわち、1週期を T とすると、

$$P = \frac{1}{T}\int_{t=0}^{t=T} pdt = \frac{1}{2}V_m I_m \cos(\theta_v - \theta_i) \quad \cdots\cdots(10.6)$$

となります。この P は、上述したように電力 p の平均値ですが、"有効電力"といいます。

ここで、正弦波交流電圧、電流の実効値を V、I とすると、

$$V = \frac{V_m}{\sqrt{2}}、\quad I = \frac{I_m}{\sqrt{2}} \quad \cdots\cdots(10.7)$$

となります。

また、位相角 θ は、

$$\theta = \theta_v - \theta_i \quad \text{または} \quad \theta = \theta_i - \theta_v \quad \cdots\cdots(10.8)$$

となります。

以上から、(10.6)式と(10.7)式を用いると、有効電力 P は

$$P = VI\cos\theta \quad \cdots\cdots(10.9)$$

のように表すことができます。有効電力 P の単位は、[W]（"ワット"と発音）または [J/s]（J はエネルギーの単位"ジュール"）です。また、$\cos\theta$ のことを"力率"といいます。

第10章　交流の電力と交流回路網の諸定理

（3）無効電力と皮相電力

電圧 V と位相が 90° 異なる電流 $I\sin\theta$ との積を"無効電力"といいます。無効電力を P_r とすると、

$$P_r = VI\sin\theta \quad \cdots\cdots(10.10)$$

です。単位は［var］（"バール"と発音）です。

また、単に電圧 V と電流 I の積を、見かけ上の電力という意味で"皮相電力"といいます。すなわち、

$$P_a = VI \quad \cdots\cdots(10.11)$$

です。単位は［VA］（"ボルトアンペア"と発音）です。

有効電力、無効電力、皮相電力を一般的な表現でまとめると、有効電力は抵抗で消費される電力で、無効電力はインダクタンス L またはキャパシタンス C で一時的に消費される（蓄えられる）電力で、皮相電力は力率 $\cos\theta = 1$ のときの有効電力に相当する電力です。

【例題 10-1】

正弦波交流電圧 $\dot{V} = V\angle\theta_v$ が抵抗 R のみの負荷に加わったときの有効電力、無効電力、皮相電力を求めなさい。

解説

抵抗 R に流れる電流は、

$$\dot{I} = \frac{\dot{V}}{R} = \frac{V\angle\theta_v}{R} = \frac{V}{R}\angle\theta_v \equiv I\angle\theta_i$$

です。すなわち、

$$I = \frac{V}{R}、\quad \theta_i = \theta_v$$

です。

したがって、位相角 θ は(10.8)式から、

$$\theta = \theta_v - \theta_i、\quad \cos\theta = \cos 0 = 1$$

となります。

有効電力 P は(10.9)式から、

$$P = VI\cos\theta = V\frac{V}{R}\cos 0 = \frac{V^2}{R}$$

となります。

次に、無効電力 P_r は、(10.10)式で $\sin\theta = \sin 0 = 0$ となるので、

$$P_r = VI\sin\theta = VI\sin 0 = 0$$

となります。

最後に、皮相電力 P_a は、(10.11)式から

$$P_a = VI = \frac{V^2}{R}$$

となります。皮相電力は、抵抗のみの負荷の場合は有効電力に等しくなります。

解答

$$P = \frac{V^2}{R}、\ P_r = 0、\ P_a = \frac{V^2}{R}$$

【例題 10-2】

正弦波交流電圧 $\dot{V} = V\angle\theta_v$ がキャパシタンス C のみの負荷に加わったときの有効電力、無効電力、皮相電力を求めなさい。

解説

キャパシタンス C に流れる電流は、

$$\dot{I} = j\omega C\dot{V} = j\omega CV\angle\theta_v = \omega CV\angle(\theta_v + 90°) \equiv I\angle\theta_i$$

です。すなわち、

$$I = \omega CV、\quad \theta_i = \theta_v + 90°$$

です。

したがって、位相角 θ は(10.7)式から、

$$\theta = \theta_i - \theta_v = 90°、\ \cos\theta = \cos 90° = 0$$

となります。

第 10 章　交流の電力と交流回路網の諸定理

有効電力 P は(10.9)式から、

$P = VI \cos\theta = VI \cos 90 = 0$

となります。

次に、無効電力 P_r は、(10.10)式で $\sin\theta = \sin 90 = 1$ となるので、

$P_r = VI \sin\theta = V\omega CV \sin 90 = \omega CV^2$

となります。

最後に、皮相電力 P_a は、(10.11)式から

$P_a = VI = \omega CV^2$

となります。皮相電力は、キャパシタンス C のみの場合は無効電力に等しくなります。

|解答|

$P = 0$、$P_r = \omega CV^2$、$P_a = \omega CV^2$

【例題 10-3】

図 10-3 に示すように、正弦波交流電圧 $\dot{V} = V \angle \theta_v$ をインピーダンス $\dot{Z} = R + jX = Z \angle \theta_z$ に加えたときの電力 P と無効電力 P_r を求めなさい。

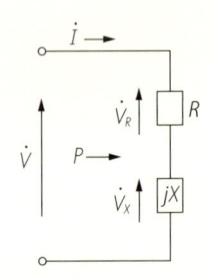

図 10-3　正弦波交流電圧 $\dot{V}$ をインピーダンス $\dot{Z}$ に加える（インピーダンス回路）

|解説|

図 10-3 のインピーダンス回路のフェーザ図とインピーダンス図は図 10-4 のようになります。

10-1 電力と力率

(a) フェーザ図　　　(b) インピーダンス図

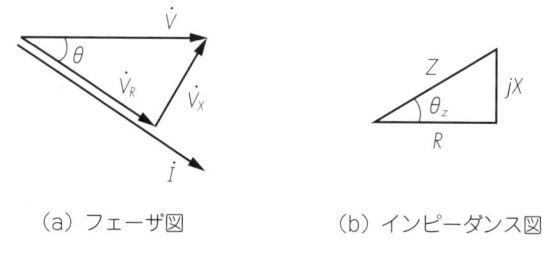

図10-4　インピーダンス回路のフェーザ図とインピーダンス図

正弦波交流電流 $\dot{I}$ を求めます。

$$\dot{I} = \frac{\dot{V}}{\dot{Z}} = \frac{V\angle\theta_v}{Z\angle\theta_z} = \frac{V}{Z}\angle(\theta_v - \theta_z) \equiv I\angle\theta_i \quad \cdots\cdots(10.12)$$

すなわち、$I = \dfrac{V}{Z}$、$\theta_i = \theta_v - \theta_z$ が得られます。

位相角 θ は、(10.8) 式から、

$$\theta = \theta_v - \theta_i = \theta_z \quad \cdots\cdots(10.13)$$

となり、$\cos\theta$ は図10-4(b)のインピーダンス図から

$$\cos\theta = \cos\theta_z = \frac{R}{Z} \quad \cdots\cdots(10.14)$$

となります。

電力 P は (10.9) 式から、

$$P = VI\cos\theta = V\frac{V}{Z}\cos\theta_z = \frac{V^2}{Z}\cos\theta_z$$

$$= \frac{V^2}{Z}\cdot\frac{R}{Z} = \frac{V^2}{Z^2}R = I^2R \quad \cdots\cdots(10.15)$$

となります。

次に、無効電力 P_r を求めます。

(10.10) 式から、$\sin\theta = \sin\theta_z = \dfrac{X}{Z}$ となるので、

$$P_r = VI\sin\theta = V\frac{V}{Z}\frac{X}{Z} = \frac{V^2}{Z^2}X = I^2X \quad \cdots\cdots(10.16)$$

第 10 章　交流の電力と交流回路網の諸定理

となります。

有効電力 P は(10.15)式から抵抗 R で消費される電力であり、無効電力 P_r は(10.16)式からリアクタンス X で一時的に消費される（蓄えられる）電力であるといえます。

解答

$P = I^2 R$、$P_r = I^2 X$

【例題 10-4】

図 10-5 に示すように、正弦波交流電圧 $\dot{V} = V\angle\theta_v$ をアドミッタンス $\dot{Y} = G + jB = Y\angle\theta_y$ に加えたときの電力 P と無効電力 P_r を求めなさい。

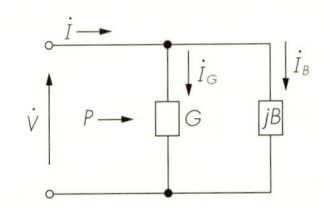

図 10-5　正弦波交流電圧 $\dot{V}$ をアドミッタンス $\dot{Y}$ に加える（アドミッタンス回路）

解説

図 10-5 のアドミッタンス回路のフェーザ図とアドミッタンス図は図 10-6 のようになります。

正弦波交流電流 $\dot{I}$ を求めます。

（a）フェーザ図　　　　（b）アドミッタンス図

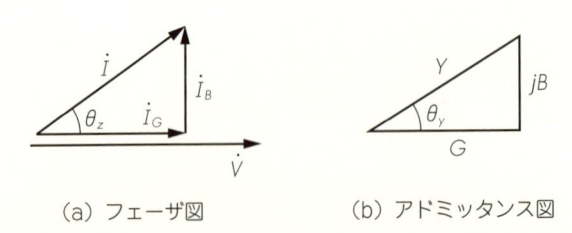

図 10-6　インピーダンス回路のフェーザ図とアドミッタンス図

$$\dot{I} = \dot{Y}\dot{V} = Y\angle\theta_y \times V\angle\theta_v = YV\angle(\theta_y + \theta_v) \equiv I\angle\theta_i \quad \cdots\cdots(10.17)$$

すなわち、$I = YV$、$\theta_i = \theta_y + \theta_v$ が得られます。

位相角 θ は、(10.8)式から、

$$\theta = \theta_i - \theta_v = \theta_y \quad \cdots\cdots(10.18)$$

となり、$\cos\theta$ は図10-4(b)のアドミッタンス図から

$$\cos\theta = \cos\theta_y = \frac{G}{Y} \quad \cdots\cdots(10.19)$$

となります。

電力 P は(10.8)式から、

$$P = VI\cos\theta = VYV\cos\theta_z = V^2 Y \frac{G}{Y} = V^2 G \quad \cdots\cdots(10.20)$$

となります。

次に、無効電力 P_r を求めます。

(10.10)式から、$\sin\theta = \sin\theta_z = \dfrac{B}{Y}$ となるので、

$$P_r = VI\sin\theta = VYV\frac{B}{Y} = V^2 B \quad \cdots\cdots(10.21)$$

となります。

有効電力 P は(10.20)式からコンダクタンス G（抵抗の逆数）で消費される電力であり、無効電力 P_r は(10.21)式からサセプタンス B で一時的に消費される（蓄えられる）電力であるといえます。

解答

$P = V^2 G$、$P_r = V^2 B$

【例題 10-5】

図10-7に示すような R、L、C が接続された負荷回路に正弦波交流を加えたときに力率 $\cos\theta = 1$ となるようなキャパシタンス C の値を求めなさい。

第10章 交流の電力と交流回路網の諸定理

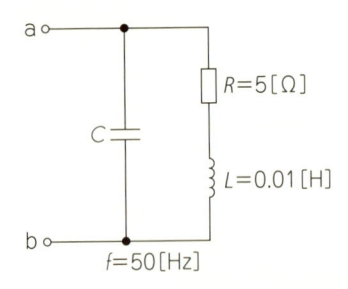

図10-7 R、L、C が接続された負荷回路

解説

力率 $\cos\theta = 1$ となるためには、(10.13)式と(10.18)式で $\theta = 0$ となればよいことになります。

すなわち、

$\theta = \theta_z = 0$、$\theta = \theta_y = 0$

です。

したがって、端子 a–b からみたアドミッタンス $\dot{Y} = G + jB$ は、虚数部分であるサセプタンスは $B = 0$ になるので、抵抗成分であるコンダクタンス G のみになります。

具体的に、計算すると次のようになります。

$$\dot{Y} = j\omega C + \frac{1}{R + j\omega L} = j\omega C + \frac{R - j\omega L}{R^2 + (\omega L)^2}$$

$$= \frac{R}{R + (\omega L)^2} + j\omega \left\{ C - \frac{L}{R^2 + (\omega L)^2} \right\} \equiv G + jB$$

ここで、$B = 0$ からキャパシタンス C は、

$$C = \frac{L}{R^2 + (\omega L)^2} = \frac{0.01}{5^2 + (2\pi \times 50 \times 0.01)^2} = 355 \times 10^{-6}\,[\mathrm{F}] = 355\,[\mu\mathrm{F}]$$

となります。

このように、R–L 負荷回路と並列にキャパシタンス C を接続して力率を1に近づけることを力率改善といいます。

解答

$C = 355\ [\mu\mathrm{F}]$

10-2 交流回路網の諸定理

交流回路網の諸定理は、直流回路と同じように以下のようなものがあります。

・キルヒホッフの法則（キルヒホッフ則）
　第1法則（電流則）
　第2法則（電圧則）
・重ね（合わせ）の理
・鳳・テブナンの定理

直流回路の場合の上記の諸定理は第3章、第4章で説明しました。これらの諸定理は、交流回路においても同じように適用することができます。交流回路においても、基本的な考え方は同じなので説明は省略します。例題を解いて理解を深めます。

【例題 10-6】

図 10-8 に示す電流の節点で、$\dot{I}_1 = 10\angle 0°\ [\mathrm{A}]$、$\dot{I}_2 = 20\angle 30°\ [\mathrm{A}]$、$\dot{I}_3 = 10\angle -20°\ [\mathrm{A}]$ のときの $\dot{I}_4$ のフェーザ表示を求めなさい。また、$\dot{I}_1$、$\dot{I}_2$、$\dot{I}_3$、$\dot{I}_4$ の関係を示すフェーザ図を描きなさい。

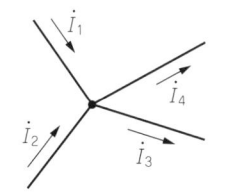

図 10-8 交流回路網のキルヒホッフの法則（電流則）

解説

各岐路電流 $\dot{I}_1$、$\dot{I}_2$、$\dot{I}_3$、$\dot{I}_4$ の関係は、キルヒホッフの法則の第1法則（電

流則）から、

$$\dot{I}_1 + \dot{I}_2 = \dot{I}_3 + \dot{I}_4 \quad \cdots\cdots (10.22)$$

となります。これから

$$\dot{I}_4 = \dot{I}_1 + \dot{I}_2 - \dot{I}_3 \quad \cdots\cdots (10.23)$$

となります。

$\dot{I}_1$、$\dot{I}_2$、$\dot{I}_3$ のフェーザ表示を複素数表示に直してから、(10.23)式に代入して計算します。

$$\dot{I}_1 = 10\angle 0° = 10\cos 0° + j10\sin 0° = 10 + j0 \text{ [A]}$$
$$\dot{I}_2 = 20\angle 30° = 20\cos 30° + j20\sin 30° = 17.321 + j10 \text{ [A]}$$
$$\dot{I}_3 = 10\angle -20° = 10\cos(-20°) + j10\sin(-20°) = 9.397 - j3.420 \text{ [A]}$$
$$\dot{I}_4 = \dot{I}_1 + \dot{I}_2 - \dot{I}_3 = (10 + j0) + (17.321 + j10) - (9.397 - j3.420)$$
$$= 17.924 + j13.420 \text{ [A]}$$
$$= \sqrt{17.924^2 + 13.420^2} \angle \tan^{-1}\frac{13.420}{17.924} = 22.4\angle 36.8°$$

解答

$\dot{I}_4 = 22.4\angle 36.8°$

$\dot{I}_1$、$\dot{I}_2$、$\dot{I}_3$、$\dot{I}_4$ の関係を示すフェーザ図は図 10-9 のようになります。

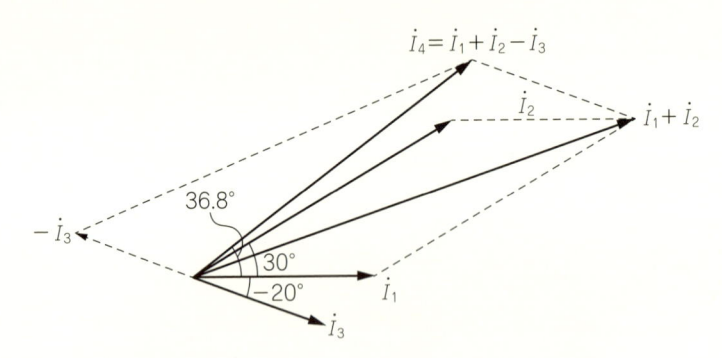

図 10-9　$\dot{I}_1$、$\dot{I}_2$、$\dot{I}_3$、$\dot{I}_4$ の関係を示すフェーザ図

10-2 交流回路網の諸定理

【例題 10-7】
　図 10-10 の交流回路網の端子 a–b 間に電圧 $\dot{V}_0 = 12$ [V] が現れており、端子 a–b 間からみた交流回路網のインピーダンスは $\dot{Z}_0 = 10 + j4 [\Omega]$ であるとする。端子 a–b 間に抵抗 $R = 2$ [Ω] を接続したときの、抵抗 R に流れる電流 $\dot{I}$ と端子 a–b 間の端子電圧 $\dot{V}$ のフェーザ表示を求めなさい。

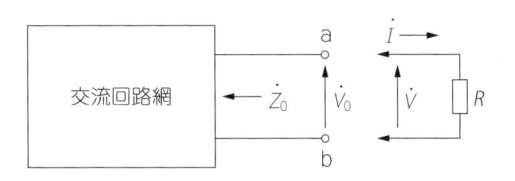

図 10-10　交流回路網の端子 a–b 間に抵抗 R を接続する

解説
　電流 $\dot{I}$ は、鳳・テブナンの定理から、

$$\dot{I} = \frac{\dot{V}_0}{\dot{Z}_0 + R} = \frac{12\angle 0°}{(10+j4)+2} = \frac{12}{12+j4}$$

$$= \frac{12(12-j4)}{12^2 + 4^2} = \frac{144 - j48}{160} = 0.9 - j0.3$$

$$= \sqrt{0.9^2 + 0.3^2} \angle -\tan^{-1}\frac{0.3}{0.9} = 0.949 \angle -18.4 \text{ [A]}$$

が得られます。
　したがって、端子電圧 $\dot{V}$ は
　　$\dot{V} = \dot{I}R = (0.949\angle -18.4°) \times 2 = 1.898\angle -18.4°$
となります。

解答
　$\dot{I} = 0.949\angle -18.4$ [A]、$\dot{V} = 1.898\angle -18.4°$

第11章

電磁誘導結合回路

　二つのコイルが近接して置かれた電磁誘導結合と相互インダクタンスについて説明します。次に、1次側コイルと2次側コイルが作動結合された電磁誘導結合回路について説明します。1次回路と2次回路の回路方程式をキルヒホッフの法則から導きます。また、2次側コイルの端子にインピーダンスが接続された場合の電磁誘導結合回路と1次側から見たインピーダンスの計算について例題を通して学びます。

11-1　電磁誘導結合と相互インダクタンス

　第2章で、コイルに電流 i を流すと磁束 ϕ がコイルを貫通することを説明しました。コイルを貫通する磁束 ϕ は、コイルに流れる電流 i に比例します。すなわち、次のような関係になります。

$$\phi = Li \quad \cdots\cdots(11.1)$$

比例定数 L は自己インダクタンスといいます。電流が大きくなればコイルを貫通する磁束が増えるという意味です。

　したがって、第2章の(2.2)式 $\left(v = L\dfrac{di}{dt}\right)$ は次のように表すことができます。

$$v = L\frac{di}{dt} = \frac{d\phi}{dt} \quad \cdots\cdots(11.2)$$

コイルに流す電流 i とコイルを貫通する磁束 ϕ の向きは、**図11-1** のようになります。すなわち、磁束は、電流の流れる向きにねじの先端の進む向きにとったときにねじの回転する向きに生じます。

第11章 電磁誘導結合回路

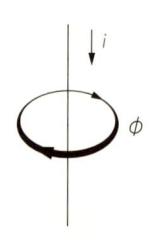

図11-1 電流の流れる向きとコイルを貫通する磁束の向きの関係

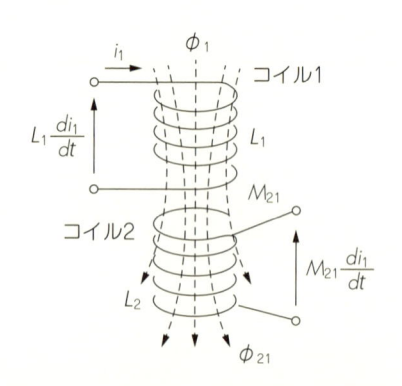

図11-2 二つのコイルが近接して置かれている（コイル1に電流が流れている場合）

これを「アンペールの右ねじの法則」といいます。

次に、二つのコイルが接近して置かれている場合について説明します。図11-2のように、コイル1とコイル2が近接して置かれており、コイル1には電流 i_1 が流れています。このとき、コイル2には電流は流れていません。電流 i_1 を流したときに生じる磁束 ϕ_1 は、コイル1を鎖交すると同時にその一部がコイル2にも鎖交します。

このようなコイル間の結合を"電磁誘導結合"といいます。

コイル2に鎖交する磁束を ϕ_{21} とすると、磁束 ϕ_{21} は電流 i_1 に比例するので、比例定数を M_{21} とすれば

$$\phi_{21} = M_{21} i_1 \quad \cdots\cdots (11.3)$$

となります。比例定数 M_{21} をコイル1とコイル2の相互インダクタンスといいます。

この状態で電流 i_1 が変化すると、磁束 ϕ_1 と ϕ_{21} も変化し、コイル1とコイル2にはその変化を妨げる向きに電磁誘導電圧（電磁誘導起電力）が発生します（レンツの法則から）。

$$v_1 = \frac{d\phi_1}{dt} = L_1 \frac{di_1}{dt} \quad \cdots\cdots (11.4)$$

11-1 電磁誘導結合と相互インダクタンス

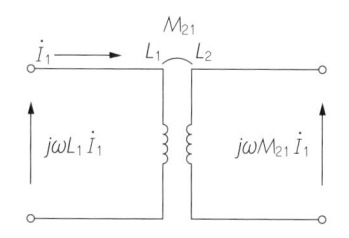

図 11-3 二つのコイルの電磁誘導電圧と相互インダクタンス（コイル 1 に電流が流れている場合）

$$v_2 = \frac{d\phi_{21}}{dt} = M_{21}\frac{di_1}{dt} \quad \cdots\cdots(11.5)$$

すなわち、(11.4)式はコイル 1 に貫通する磁束の変化 $\frac{d\phi_1}{dt}$ を妨げる向きに発生する起電力で、(11.5)式はコイル 2 に貫通する磁束の変化 $\frac{d\phi_{21}}{dt}$ を妨げる向きに発生する起電力です。

電流 i_1 は正弦波交流であるので、(11.4)式と(11.5)式は複素数の電圧で表現することができます〔第 7 章の(7.13)式を参照〕。図 11-2 は**図 11-3** のような交流の電気回路に書き直すことができます。

$$v_1 = L_1 \frac{di_1}{dt} \Rightarrow \dot{V}_1 = j\omega L_1 \dot{I}_1 \quad \cdots\cdots(11.6)$$

$$v_2 = M_{21} \frac{di_1}{dt} \Rightarrow \dot{V}_2 = j\omega M_{21} \dot{I}_1 \quad \cdots\cdots(11.7)$$

次に、コイル 1 には電流は流れておらず、コイル 2 に電流 i_2 が流れている場合（**図 11-4**）について説明します。

コイル 2 に電流 i_2 を流したときに生じる磁束 ϕ_2 は、コイル 2 を鎖交すると同時にその一部がコイル 1 にも鎖交します。コイル 1 に鎖交する磁束を ϕ_{12} とすると、磁束 ϕ_{12} は電流 i_2 に比例するので、比例定数を M_{12} とすれば

$$\phi_{12} = M_{12} i_2 \quad \cdots\cdots(11.8)$$

となります。比例定数 M_{21} は、コイル 1 とコイル 2 の相互インダクタンスです。

第 11 章　電磁誘導結合回路

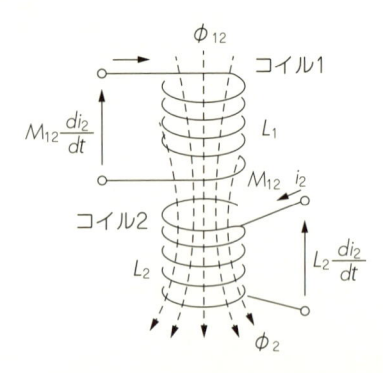

図 11-4　二つのコイルが近接して置かれている
（コイル 2 に電流が流れている場合）

電流 i_2 が変化すると磁束 ϕ_2 と ϕ_{12} も変化し、コイル 2 とコイル 1 にはその変化を妨げる向きに誘導起電力が発生します。L_2 はコイル 2 の自己インダクタンスです。

$$v_1 = \frac{d\phi_2}{dt} = L_2 \frac{di_2}{dt} \quad \cdots\cdots (11.9)$$

$$v_2 = \frac{d\phi_{12}}{dt} = M_{12} \frac{di_2}{dt} \quad \cdots\cdots (11.10)$$

同様に複素数で表現すると、

$$v_2 = L_2 \frac{di_2}{dt} \Rightarrow \dot{V}_2 = j\omega L_2 \dot{I}_2 \quad \cdots\cdots (11.11)$$

$$v_1 = M_{12} \frac{di_2}{dt} \Rightarrow \dot{V}_1 = j\omega M_{12} \dot{I}_2 \quad \cdots\cdots (11.12)$$

となり、電気回路は**図 11-5** のように書くことができます。
　ここで、M_{12} と M_{21} は常に等しいので（$M_{21} = M_{12}$）、通常、相互インダクタンスは

　　$M (= M_{21} = M_{12})$

と表します。

11-1　電磁誘導結合と相互インダクタンス

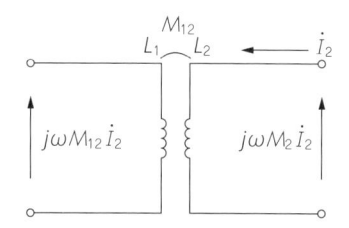

図11-5　二つのコイルの電磁誘導電圧と相互インダクタンス（コイル2に電流が流れている場合）

【例題 11-1】

コイル1とコイル2が近接して置かれている（図11-6）。両コイル間の相互インダクタンスは$M = 0.002$ [H]とする。コイル1に電流$i_1 = 5\cos 628\,t$ [A]（tは時間 [s]）が流れているとする。コイル2の端子間に発生する電圧v_2を求めなさい。

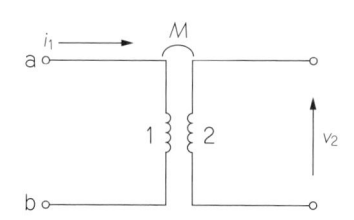

図11-6　両コイルの電圧、電流、相互インダクタンス

解説

コイル2に発生する端子電圧は、(11.7)式から

$$v_2 = M_{21}\frac{di_1}{dt} = M\frac{di_1}{dt} = 0.002 \times \frac{d}{dt}(5\cos 628\,t)$$

$$= 0.002 \times 5 \times 628 \sin 628\,t = 6.28 \sin 628\,t \text{ [V]}$$

となります。

解答

$v_2 = 6.28 \sin 628\,t$ [V]

第11章　電磁誘導結合回路

【例題11-2】

図11-6のコイル1に電流 $I_1 = 1.5$ [A]（周波数 $f = 500$ Hz）が流れている。このときコイル2の端子間に $V_2 = 14.5$ [V] の電圧が発生した。両コイル間の相互インダクタンス M の値を求めなさい。

解説

(11.7)式の $\dot{V}_2 = j\omega M_{21} \dot{I}_1 = j\omega M \dot{I}_1$ から

$$M = \frac{V_2}{\omega I_1} = \frac{14.5}{2\pi f \times 1.5} = 0.003 \text{ [H]} = 3 \text{ [mH]}$$

が得られます。

解答

$M = 0.003$ [H] $= 3$ [mH]

11-2　電磁誘導結合回路

電磁誘導結合された二つのコイルのコイル1に電源 $\dot{E}$ を接続し、コイル2の端子にインピーダンス $\dot{Z}$ を接続します（**図11-7**）。電源からコイル1に電流 $\dot{I}_1$ を流すと、(11.7)式からコイル2に電磁誘導電圧 $\dot{V}_2 = j\omega M \dot{I}_1$ が発生します。この電磁誘導電圧 $\dot{V}_2$ によりコイル2の端子間に接続されたインピーダンス $\dot{Z}$ に電流 $\dot{I}_2$ が流れます。このとき、電源が接続されたコイル1の回路を"1次回路"、コイル2の回路を"2次回路"といいます。両回路は磁束 ϕ を介して結合されています。

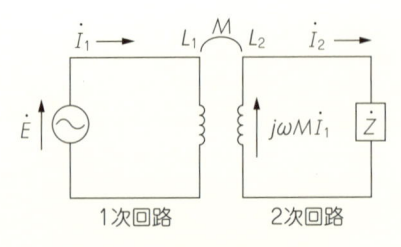

図11-7　電磁誘導結合回路

11-2 電磁誘導結合回路

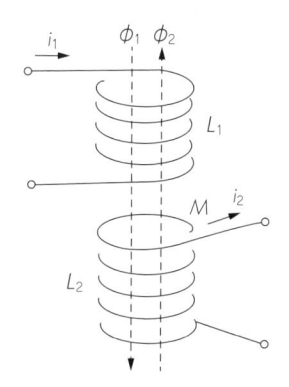

図 11-8　コイルの作動結合

　このような回路を"電磁誘導結合回路"といいます。

　二つのコイルを同じ向きに巻き、1次側電流 i_1 と2次側電流 i_2 を図 11-8 のようにとります。電流 i_1 と電流 i_2 による磁束 ϕ_1 と ϕ_2 は互いに反対方向になります（アンペールの右ねじの法則に従います）。このように磁束が互いに反対方向になるようなコイル間の結合を"作動結合"といいます。

　また、コイル1とコイル2に発生する電磁誘導電圧は次のようになります。作動結合回路の1次コイルと2次コイルに発生する電磁誘導電圧の関係は図 11-9 のようになります。

　　コイル 1：$\dot{V}_1 = j\omega L_1 \dot{I}_1 - j\omega M \dot{I}_2$　……(11.13)
　　コイル 2：$\dot{V}_2 = -j\omega L_2 \dot{I}_2 + j\omega M \dot{I}_1$　……(11.14)

　図 11-7 の電磁誘導結合回路に(11.13)式と(11.14)式を適用します（図 11-10）。1次回路と2次回路の回路方程式は、キルヒホッフの法則から次式が成り立ちます。

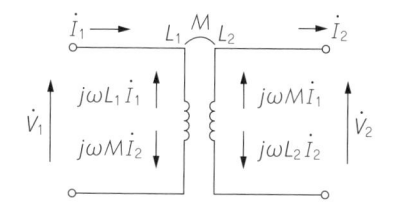

図 11-9　作動結合回路の誘導電圧の関係

第11章 電磁誘導結合回路

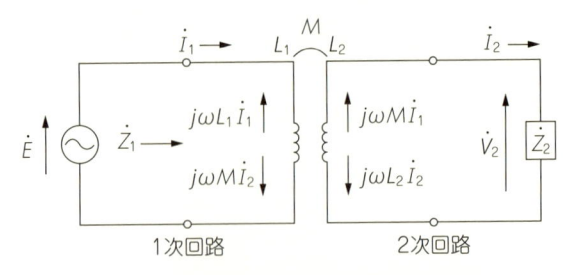

図 11-10 電磁誘導結合回路の誘導電圧の関係

1次回路：$\dot{E} = j\omega L_1 \dot{I}_1 - j\omega M \dot{I}_2$ ……(11.15)

2次回路：$\dot{Z}_2 \dot{I}_2 = -j\omega L_2 \dot{I}_2 + j\omega M \dot{I}_1$ ……(11.16)

($\dot{V}_2 = \dot{Z}_2 \dot{I}_2$)

(11.16)式から $\dot{I}_2 = \dfrac{j\omega M}{j\omega L_2 + \dot{Z}_2} \dot{I}_1$ が得られ、これを(11.15)式に代入します。

$$\dot{E} = j\omega L_1 \dot{I}_1 - j\omega M \dot{I}_2 = j\omega L_1 \dot{I}_1 - j\omega M \dfrac{j\omega M}{j\omega L_2 + \dot{Z}_2} \dot{I}_1$$

$$= \left(\omega L_1 - j\omega M \dfrac{j\omega M}{j\omega L_2 + \dot{Z}_2}\right) \dot{I}_1 = \left(\omega L_1 + \dfrac{\omega^2 M^2}{j\omega L_2 + \dot{Z}_2}\right) \dot{I}_1$$

したがって、電流 $\dot{I}_1$ は

$$\dot{I}_1 = \dfrac{\dot{E}}{\omega L_1 + \dfrac{\omega^2 M^2}{j\omega L_2 + \dot{Z}_2}} \quad ……(11.17)$$

が得られ、電源電圧 $\dot{E}$、回路要素 ωL_1、ωL_2、ωM、$\dot{Z}_2$ が与えられれば求めることができます。また、電流 $\dot{I}_2$ は(11.16)式に電流 I_1 を代入して求めることができます。

さらに、図11-10の1次側から見たインピーダンスを $\dot{Z}_1$ とすれば、$\dot{Z}_1 = \dfrac{\dot{E}}{\dot{I}_1}$ から

$$\dot{Z}_1 = \omega L_1 + \dfrac{\omega^2 M^2}{j\omega L_2 + Z_2} \quad ……(11.18)$$

を得ることができます。

【例題 11-3】

二つのコイル 1、2（自己インダクタンス：$L_1 = 4$ [mH]、$L_2 = 2$ [mH]）を電磁誘導結合させたときの相互コンダクタンスは $M = 1$ [mH] である。図 11-11 のように、コイル 2 を短絡させたときのコイル 1 の端子から見たインダクタンスの値を求めなさい。

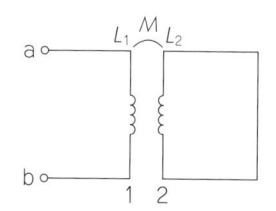

図 11-11　コイル 2 を短絡させた場合

解説

題意の回路は、図 11-10 の電磁誘導結合回路の 2 次回路を短絡させた場合です（図 11-12）。

1 次回路と 2 次回路の回路方程式は、キルヒホッフの法則から次式が成り立ちます。

1 次回路：$\dot{E} = j\omega L_1 \dot{I}_1 - j\omega M \dot{I}_2$ ……(11.19)

2 次回路：$0 = -j\omega L_2 \dot{I}_2 + j\omega M \dot{I}_1$ ……(11.20)

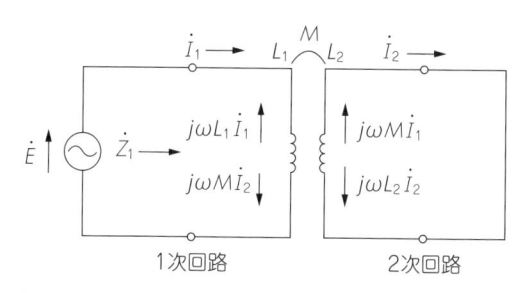

図 11-12　電磁誘導結合回路の 2 次回路を短絡させる

(11.20)式より、$\dot{I}_2 = \dfrac{M}{L_2}\dot{I}_1$ が得られます。これを(11.19)式に代入します。

$$\dot{E} = j\omega L_1 \dot{I}_1 - j\omega M \dot{I}_2 = j\omega L_1 \dot{I}_1 - j\omega M \dfrac{M}{L_2}\dot{I}_1 = j\omega\left(L_1 - \dfrac{M^2}{L_2}\right)\dot{I}_1$$

1次側から見たインピーダンス $\dot{Z}_1$ は

$$\dot{Z}_1 = \dfrac{\dot{E}}{\dot{I}_1} = j\omega\left(L_1 - \dfrac{M^2}{L_2}\right)$$

が得られます。

ここで、$\dot{Z}_1 = j\omega\left(L_1 - \dfrac{M^2}{L_2}\right) = j\omega L_e$ とおいた L_e を等価自己インダクタンスといいます。題意の数値を代入すると等価自己インダクタンス L_e は

$$L_e = L_1 - \dfrac{M^2}{L_2}$$

$$= 4 - \dfrac{1^2}{2} = 3.5\ [\text{mH}] \quad \cdots\cdots (11.21)$$

が得られます。

解答

$L_e = 3.5\ [\text{mH}]$

【例題 11-4】

図 11-13 の電磁誘導結合回路において、$L_1 = 10\ [\text{mH}]$、$L_2 = 4\ [\text{mH}]$、$M = 2\ [\text{mH}]$、$R = 100\ [\Omega]$、$C = 3\ [\mu\text{F}]$、周波数 $f = 500\ [\text{Hz}]$ のとき、1次側から見たインピーダンス $\dot{Z}_1$ の複素数表示および極表示を求めなさい。また、1次側に $\dot{E} = 20\angle 0°\ [\text{V}]\ (f = 500\ [\text{Hz}])$ の電圧を加えたときの電流 $\dot{I}_1$、$\dot{I}_2$、電圧 $\dot{V}_2$ のフェーザ表示を求めなさい。

解説

1次回路と2次回路の回路方程式は、キルヒホッフの法則から次式が成り立

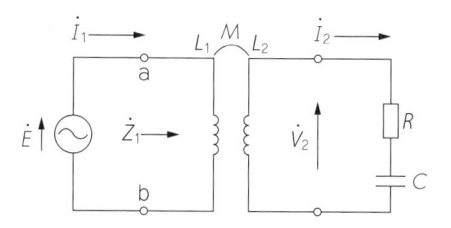

図 11-13　2 次側にインピーダンス（$R-C$ 直列回路）を接続する

ちます。

 1 次回路：$\dot{E} = j\omega L_1 \dot{I}_1 - j\omega M \dot{I}_2$　……(11.21)

 2 次回路：$\left(R + \dfrac{1}{j\omega C}\right) \dot{I}_2 = -j\omega L_2 \dot{I}_2 + j\omega M \dot{I}_1$　……(11.22)

 $\dot{V}_2 = \dot{Z}_2 \dot{I}_2 = \left(R + \dfrac{1}{j\omega C}\right) \dot{I}_2$

(11.22)式より、$\dot{I}_2 = \dfrac{j\omega M}{R + j\left(\omega L_2 - \dfrac{1}{\omega C}\right)} \dot{I}_1$ が得られます。これを(11.21)式

に代入します。

$$\dot{E} = j\omega L_1 \dot{I}_1 - j\omega M \dfrac{j\omega M}{R + j\left(\omega L_2 - \dfrac{1}{\omega C}\right)} \dot{I}_1 = j\omega L_1 \dot{I}_1 + \dfrac{\omega^2 M^2}{R + j\left(\omega L_2 - \dfrac{1}{\omega C}\right)} \dot{I}_1$$

1 次側から見たインピーダンス $\dot{Z}_1$ は、

$$\dot{Z}_1 = \dfrac{\dot{E}}{\dot{I}_1} = j\omega L_1 + \dfrac{\omega^2 M^2}{R + j\left(\omega L_2 - \dfrac{1}{\omega C}\right)}$$

$$= j(2 \times \pi \times 500) \times 10 \times 10^{-3}$$

$$+ \dfrac{(2 \times \pi \times 500)^2 \times (2 \times 10^{-3})^2}{100 + j\left(2 \times \pi \times 500 \times 4 \times 10^{-3} - \dfrac{1}{2 \times \pi \times 500 \times 3 \times 10^{-6}}\right)}$$

第 11 章　電磁誘導結合回路

$$= j\,31.42 + \frac{39.48}{100 - j\,93.54} = j\,31.42 + \frac{39.48 \times (100 + j\,93.54)}{100^2 + 93.54^2}$$

$$= j\,31.48 + \frac{3,948 + j\,3,693}{18,750} = 0.211 + j\,31.7\ [\Omega]$$

$$= \sqrt{0.211^2 + 31.7^2} \angle \tan^{-1}\left(\frac{31.7}{0.211}\right)^\circ = 31.7 \angle 89.6^\circ\ [\Omega]$$

$$\dot{I}_1 = \frac{\dot{E}}{\dot{Z}_1} = \frac{20 \angle 0^\circ}{31.7 \angle 89.6^\circ} = 0.631 \angle -89.6^\circ\ [A]$$

$$\dot{I}_2 = \frac{j\omega M}{R + j\left(\omega L_2 - \dfrac{1}{\omega C}\right)} \dot{I}_1$$

$$= \frac{j(2 \times \pi \times 500) \times 2 \times 10^{-3}}{100 + j\left(2 \times \pi \times 500 \times 4 \times 10^{-3} - \dfrac{1}{2 \times \pi \times 500 \times 3 \times 10^{-6}}\right)} \times 0.631 \angle -89.6^\circ$$

$$= \frac{j\,6.283}{100 - j\,93.54} \times 0.631 \angle -89.6^\circ$$

$$= \frac{6.283 \angle 90^\circ}{136.92 \angle -43.1^\circ} \times 0.631 \angle -89.6^\circ = 0.029 \angle 43.5^\circ\ [A]$$

$$\dot{V}_2 = \left(R + \frac{1}{j\omega C}\right)\dot{I}_2 = \left(100 - j\,\frac{1}{2 \times \pi \times 500 \times 3 \times 10^{-6}}\right) \times 0.029 \angle 43.5^\circ$$

$$= (100 - j\,106) \times 0.029 \angle 43.5^\circ = 145.7 \angle -46.7^\circ \times 0.029 \angle 43.5^\circ$$

$$= 4.23 \angle -3.2^\circ\ [V]$$

解答

$\dot{Z}_1 = 0.211 + j\,31.7\ [\Omega]\ = 31.7 \angle 89.6^\circ\ [\Omega]$

$\dot{I}_1 = 0.631 \angle -89.6^\circ\ [A]$

$\dot{I}_2 = 0.029 \angle 43.5^\circ\ [A]$

$\dot{V}_2 = 4.23 \angle -3.2^\circ\ [V]$

第 12 章

変圧器結合回路と変圧器の実験

　第 11 章では、二つのコイルが近接して置かれた電磁誘導結合と相互インダクタンス、1次側コイルと2次側コイルが作動結合された電磁誘導結合回路について説明しました。本章では、さらに一歩進めて、電磁誘導結合の結合度合い、変圧器結合と変圧器結合回路、変圧器結合回路の等価回路と近似的等価回路について説明します。次に、電磁誘導結合の応用例として、変圧器を使用した実負荷時と無負荷時の実験例について紹介します。

12-1　電磁誘導結合回路

　最初に、電磁誘導結合の結合度合い、変圧器結合と変圧器結合回路、変圧器結合回路の等価回路について説明します。

（1）電磁誘導結合の結合度合い

　近接した2つのコイルが近接するほど両コイルの相互インダクタンス M の値は大きくなります。一つのコイルを貫通する磁束がもう一つのコイルに全部貫通すれば M の値は最大になります。しかし、一般には、全部は貫通しないで外部に漏れてしまいます。これを漏れ磁束といいます。

　二つのコイルの自己インダクタンスを L_1、L_2 とすれば、次のようになります。

・漏れ磁束がないとき

　　$M = \sqrt{L_1 L_2}$　または　$M^2 = L_1 L_2$　……(12.1)

・漏れ磁束があるとき

　　$M < \sqrt{L_1 L_2}$　または　$M^2 < L_1 L_2$　……(12.2)

ここで、M の値が $\sqrt{L_1 L_2}$ に近いとき $(M \approx \sqrt{L_1 L_2})$、二つのコイルは密結合

といい、$M \ll \sqrt{L_1 L_2}$ のときは疎結合といいます。

(2) 変圧器結合

二つのコイルを近接した状態では漏れ磁束が多いので、図 12-1 のようにコイルの中に環状の鉄心を入れます。鉄心を入れることにより磁束は外部に漏れないですべて鉄心の中だけを通るので、両コイルを離してもコイル 1 を通る磁束はほとんどすべてコイル 2 を通ります。この場合、両コイルは密結合になります。鉄心を入れたこのような電磁誘導結合を変圧器結合といいます。変圧器結合をもった結合器を一般に変圧器またはトランスといいます。通常、市販されている変圧器は、密結合の空心状態の二つのコイルの中に環状鉄心を入れて仕上げています（図 12-2、写真 12-1）。

コイル 1 の自己インダクタンスを L_1、巻数を N_1 回とすると、

$$L_1 = BN_1^2 \quad \cdots\cdots (12.3)$$

の関係が成り立ちます。すなわち、自己インダクタンス L_1 は巻数 N_1 の 2 乗に比例します。ここで、比例定数 B は、鉄心の材料と構造、寸法で決まります。

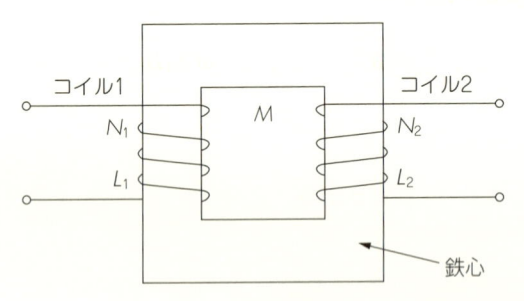

図 12-1　変圧器結合

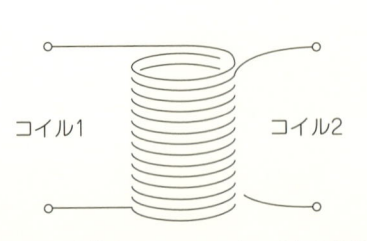

図 12-2　密結合の二つのコイル（空心状態）

写真 12-1　変圧器の例

同じように、コイル2についても自己インダクタンス L_2 は巻数 N_2 とすれば、同じ鉄心なので

$$L_2 = BN_2^2 \quad \cdots\cdots(12.4)$$

が成り立ちます。

また、二つのコイルの相互インダクタンス M は、(12.3)式と(12.4)式から

$$M = \sqrt{L_1 L_2} = \sqrt{B^2 N_1^2 N_2^2} = BN_1 N_2 \quad \cdots\cdots(12.5)$$

となります。

(3) 変圧器結合回路

変圧器結合を回路図として表わしたものを変圧器結合回路といいます（図12-3）。鉄心は、コイル間の2本の線で表現します。変圧器結合回路では、$M = \sqrt{L_1 L_2}$ の関係が成り立つことが前提になります。

1次側からみたインピーダンス $\dot{Z}_1$ は、第11章の(11.17)式

$$\left(I_1 = \cfrac{E}{j\omega L_1 + \cfrac{\omega^2 M^2}{j\omega L_2 + \dot{Z}_2}} \right) \text{から}$$

$$\dot{Z}_1 = \frac{\dot{V}_1}{\dot{I}_1} = j\omega L_1 + \frac{\omega^2 M^2}{j\omega L_2 + \dot{Z}_2} = j\omega L_1 + \frac{\omega^2 L_1 L_2}{j\omega L_2 + \dot{Z}_2}$$

$$= \frac{-\omega^2 L_1 L_2 + j\omega L_1 \dot{Z}_2 + \omega^2 L_1 L_2}{j\omega L_2 + \dot{Z}_2} = \frac{j\omega L_1 \dot{Z}_2}{j\omega L_2 + \dot{Z}_2} \quad \cdots\cdots(12.6)$$

が得られます。

1次側からみたアドミタンス $\dot{Y}_1$ は

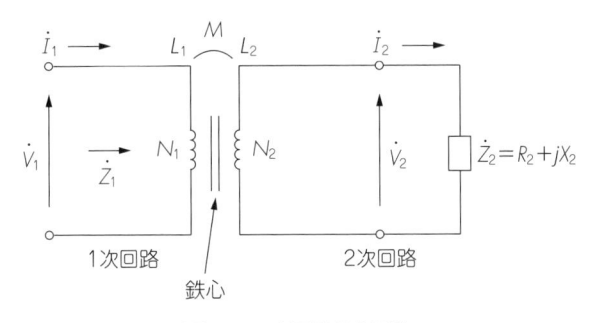

図 12-3　変圧器結合回路

第12章 変圧器結合回路と変圧器の実験

$$\dot{Y}_1 = \frac{1}{\dot{Z}_1} = \frac{j\omega L_2 + \dot{Z}_2}{j\omega L_1 \dot{Z}_2} = \frac{L_2}{L_1 \dot{Z}_2} + \frac{1}{j\omega L_1} = \frac{1}{\left(\dfrac{L_1}{L_2}\right)\dot{Z}_2} + \frac{1}{j\omega L_1}$$

……(12.7)

となります。

ここで、(12.3)式と(12.4)式から、巻数比を $\dfrac{N_1}{N_2} = n$ とすると、

$$\frac{L_1}{L_2} = \frac{BN_1^2}{BN_2^2} = \left(\frac{N_1}{N_2}\right)^2 = n^2 \quad \cdots\cdots(12.8)$$

が得られます。

したがって、インピーダンス $\dot{Z}_1$ とアドミッタンス $\dot{Y}_1$ は

$$\dot{Y}_1 = \frac{1}{\left(\dfrac{L_1}{L_2}\right)\dot{Z}_2} + \frac{1}{j\omega L_1} = \frac{1}{n^2 \dot{Z}_2} + \frac{1}{j\omega L_1} \quad \cdots\cdots(12.9)$$

$$\dot{Z}_1 = \left(\frac{1}{n^2 \dot{Z}_2} + \frac{1}{j\omega L_1}\right)^{-1} \quad \cdots\cdots(12.10)$$

となります。この二つの式からインピーダンス $\dot{Z}_1$ とアドミッタンス $\dot{Y}_1$ は、インピーダンス $j\omega L_1$ と $n^2 \dot{Z}_2$ が並列接続された回路の合成インピーダンスまたは合成アドミッタンスに等しいといえます。

このことから変圧器結合回路の1次側からみた等価回路は図 12-4 のようになります。$\dot{I}_0$ は1次側コイルに流れる電流で、磁束を発生させる励磁電流といいます。等価回路の $j\omega L_1$ は、変圧器の1次コイルの自己インダクタンス L_1

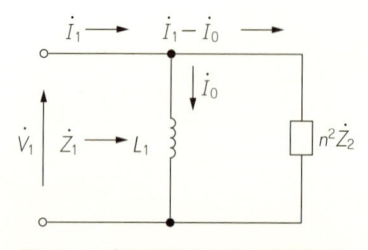

図 12-4 変圧器結合回路の等価回路

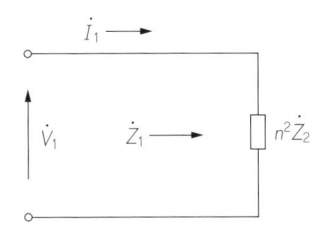

図 12-5 変圧器結合回路の近似的等価回路

によるインピーダンスであり、$n^2\dot{Z}_2$ は 2 次側の負荷インピーダンス $\dot{Z}_2$ を 1 次側に変換したインピーダンスで、巻数比の 2 乗倍に等しくなります。

通常、変圧器は自己インダクタンス L_1 を十分大きくして、$\omega L_1 \gg n^2 \dot{Z}_2$ になるようにするので、励磁電流 $\dot{I}_0$ は電流 $\dot{I}_1$ に対して無視できるので、近似的に図 12-5 のような等価回路になります。近似的等価回路では、1 次側からみたインピーダンス $\dot{Z}_1$ は、

$$\dot{Z}_1 \approx n^2 \dot{Z}_2 = n^2 R_2 + jn^2 X_2 \quad \cdots\cdots(12.11)$$

となります。

漏れ磁束がなく ($M^2 = L_1 L_2$) 近似的等価回路が成り立つような変圧器を"理想変圧器"といいます。

【例題 12-1】

変圧器結合回路（図 12-3）の 2 次側端子電圧 $\dot{V}_2$ を求めなさい。また、変圧器の電圧比 $\dfrac{\dot{V}_1}{\dot{V}_2}$ と巻数比の関係を求めなさい。ただし、漏れ磁束がないとする。

解説

第 11 章の(11.16)式から

$$\dot{I}_2 = \frac{j\omega M}{j\omega L_2 + \dot{Z}_2} \dot{I}_1$$

が得られます。これに、第 11 章の(11.17)式の $\dot{I}_1$ を代入すると次式が得られ

第12章 変圧器結合回路と変圧器の実験

ます。

$$\dot{V}_2 = \dot{Z}_2 \dot{I}_2 = \dot{Z}_2 \frac{j\omega M}{j\omega L_2 + \dot{Z}_2} \dot{I}_1 = \dot{Z}_2 \frac{j\omega M}{j\omega L_2 + \dot{Z}_2} \frac{\dot{V}_1}{j\omega L_1 + \frac{\omega^2 M^2}{j\omega L_2 + \dot{Z}_2}}$$

$$= \dot{Z}_2 \frac{j\omega M \dot{V}_1}{j\omega L_1 (j\omega L_2 + \dot{Z}_2) + \omega^2 M^2} = \dot{Z}_2 \frac{j\omega \sqrt{L_1 L_2} \dot{V}_1}{-\omega^2 L_1 L_2 + j\omega L_1 \dot{Z}_2 + \omega^2 L_1 L_2}$$

$$= \frac{\dot{Z}_2 j\omega \sqrt{L_1 L_2} \dot{V}_1}{j\omega L_1 \dot{Z}_2} = \sqrt{\frac{L_2}{L_1}} \dot{V}_1 = \frac{N_2}{N_1} \dot{V}_1 \quad \cdots\cdots (12.12)$$

すなわち、$\dfrac{\dot{V}_1}{\dot{V}_2} = \dfrac{N_1}{N_2} = n$ となります。この関係は変圧器の電圧比を表わす式として使われます。

解答

$$\dot{V}_2 = \frac{N_2}{N_1} \dot{V}_1, \quad \frac{\dot{V}_1}{\dot{V}_2} = \frac{N_1}{N_2} = n$$

【例題 12-2】

理想変圧器において1次側と2次側の電流比 $\dfrac{\dot{I}_2}{\dot{I}_1}$ と巻数比の関係を求めなさい。

解説

2次側電流 $\dot{I}_2$ は、理想変圧器の等価インピーダンス（$\dot{Z}_1 \approx n^2 \dot{Z}_2$）を使って

$$\dot{I}_2 = \frac{\dot{V}_2}{\dot{Z}_2} = \frac{\frac{1}{n} \dot{V}_1}{\dot{Z}_2} = n \frac{\dot{V}_1}{n^2 \dot{Z}_2} \approx n \frac{\dot{V}_1}{\dot{Z}_1} = n \dot{I}_1$$

となります。

すなわち、$\dfrac{\dot{I}_1}{\dot{I}_2} = \dfrac{N_2}{N_1} = \dfrac{1}{n}$ となります。この関係も変圧器の電流比を表す

式として使われます。

解答

$$\frac{\dot{I}_1}{\dot{I}_2} = \frac{N_2}{N_1} = \frac{1}{n}$$

【例題 12-3】

図 12-6 に示す変圧器結合回路 $\left(コイルの巻数比：n = \dfrac{N_1}{N_2} = 2\right)$ において、以下の①～⑥の値をフェーザ表示で求めなさい、ただし、理想変圧器として扱うこと。

① 端子 a–b からみた1次側のインピーダンス $\dot{Z}_1$
② 電源からみた全インピーダンス $\dot{Z}$
③ 1次側電流 $\dot{I}_1$
④ 1次側電圧 $\dot{V}_1$
⑤ 2次側電圧 $\dot{V}_2$
⑥ 2次側電流 $\dot{I}_2$

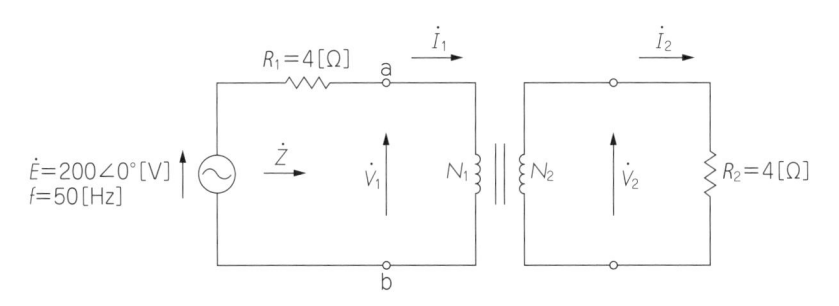

図 12-6 変圧器結合回路の例（1）

解説

① (12.11)式から $\dot{Z}_1 \approx n^2 \dot{Z}_2 = \left(\dfrac{N_1}{N_2}\right)^2 \dot{Z}_2 = 2^2 \times 4 = 16 + j0 = 16 \angle 0°$ [Ω]

第 12 章　変圧器結合回路と変圧器の実験

② $\dot{Z} = R_1 + \dot{Z}_1 = 4 + (16 + j0) = 20 + j0 = 20\angle 0°$ [Ω]

③ $\dot{I}_1 = \dfrac{\dot{E}}{\dot{Z}} = \dfrac{200\angle 0°}{20\angle 0°} = 10\angle 0°$ [A]

④ $\dot{V}_1 = \dot{Z}_1 \dot{I}_1 = 16\angle 0° \times 10\angle 0° = 160\angle 0°$ [V]

⑤ $\dot{V}_2 = \dfrac{1}{n}\dot{V}_1 = \dfrac{1}{2} \times 160\angle 0° = 80\angle 0°$ [V]

⑥ $\dot{I}_2 = n\dot{I}_1 = 2 \times 10\angle 0° = 20\angle 0°$ [V]

解答

① $\dot{Z}_1 = 16\angle 0°$ [Ω]、② $\dot{Z} = 20\angle 0°$ [Ω]、③ $\dot{I}_1 = 10\angle 0°$ [A]
④ $\dot{V}_1 = 160\angle 0°$ [V]、⑤ $\dot{V}_2 = 80\angle 0°$ [V]、⑥ $\dot{I}_2 = 20\angle 0°$ [V]

【例題 12-4】

図 12-7 に示す変圧器結合回路 $\left(\text{コイルの巻数比：} n = \dfrac{N_1}{N_2} = 2\right)$ において、以下の①〜⑤の値をフェーザ表示で求めなさい。ただし、理想変圧器として扱うこと。

① $\dot{Z}_2$ の複素数表示と極表示
② 2 次側電圧 $\dot{V}_2$ のフェーザ表示
③ 2 次側電流 $\dot{I}_2$ のフェーザ表示
④ 近似的等価回路の 1 次側電流 $\dot{I}_1$ のフェーザ表示
⑤ 励磁電流 $\dot{I}_0$ のフェーザ表示

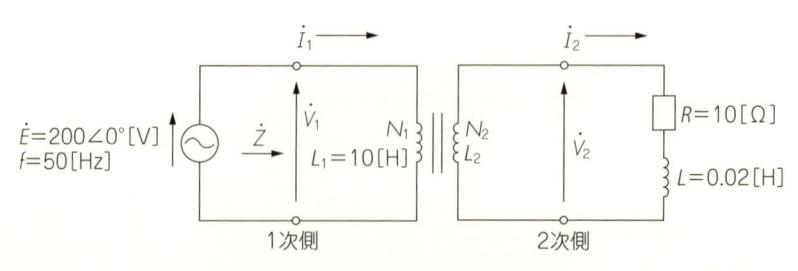

図 12-7　変圧器結合回路の例 (2)

解説

① $\dot{Z}_2 = R + j\omega L = 10 + j2\pi \times 50 \times 0.02 = 10 + j6.28 = 11.8\angle 32.1°\ [\Omega]$

② $\dot{Z}_1 = n^2 \dot{Z}_2 = 2^2 \times (10 + j6.28) = 47.2\angle 32.1°\ [A]$

$\dot{I}_1 = \dfrac{\dot{V}_1}{\dot{Z}_1} = \dfrac{200\angle 0°}{47.2\angle 32.1°} = 4.24\angle 32.1°\ [A]$

$\dot{I}_2 = n\dot{I}_1 = 2 \times 4.24\angle -32.1° = 8.48\angle -32.1°\ [A]$

$\dot{V}_2 = \dot{Z}_2 \dot{I}_2 = 11.8\angle 32.1° \times 8.48\angle -32.1° = 100\angle 0°\ [V]$

③ $\dot{I}_2 = \dfrac{\dot{V}_2}{\dot{Z}_2} = \dfrac{100\angle 0°}{11.8\angle 32.1°} = 8.48\angle -32.1°\ [A]$

④ $\dot{I}_1 = \dfrac{\dot{V}_1}{\dot{Z}_1} = \dfrac{200\angle 0°}{47.2\angle 32.1°} = 4.24\angle -32.1°\ [A]$

⑤ $\dot{I}_0 = \dfrac{\dot{V}_1}{j\omega L} = \dfrac{200\angle 0°}{j2\pi \times 50 \times 10} = -j0.0637 = 0.0637\angle -90°\ [A]$

解答

① $\dot{Z}_2 = 11.8\angle 32.1°\ [\Omega]$

② $\dot{V}_2 = 100\angle 0°\ [V]$

③ $\dot{I}_2 = 8.48\angle -32.1°\ [A]$

④ $\dot{I}_1 = 4.24\angle -32.1°\ [A]$

⑤ $\dot{I}_0 = 0.0637\angle -90°\ [A]$

12-2 変圧器の実験

　市販の変圧器（1次側：200 V、2次側：100 V、定格電流：10 A）を使用して、2次側に負荷として抵抗のみを接続した場合と、抵抗とインダクタンスの並列回路を接続した場合の実負荷実験例を説明します。次に、実負荷実験の関連で、1次側を開放し、二次側に交流電圧を加えたときの無負荷実験例について説明します。

（1）実負荷実験

実験回路を図 12-8 に示します。

第 12 章　変圧器結合回路と変圧器の実験

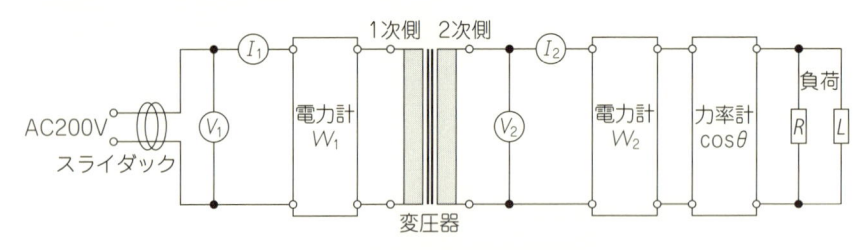

図 12-8　変圧器の実負荷実験回路

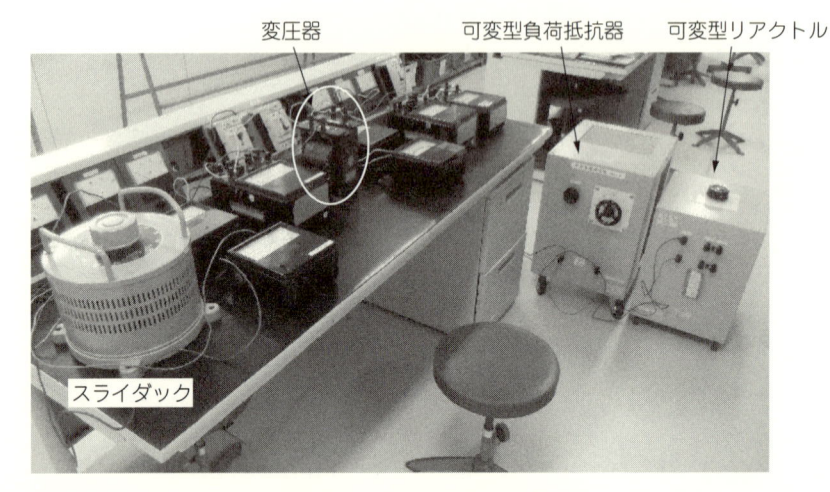

写真 12-2　変圧器の実負荷実験例

　変圧器の 1 次側には電圧計と電流計、電力計、2 次側にはこれらの測定器に加えて力率計を接続しておきます。負荷となる抵抗は可変型負荷抵抗器を、インダクタンスは可変型リアクトルを使用します。実験全景を**写真 12-2** に示します。

　具体的な測定方法は次のようにします。

　最初は、変圧器 2 次側に可変型負荷抵抗器のみを接続し、抵抗値を可変していきます。すなわち、変圧器の 2 次側電流 I_2 を可変していきます。このときの 1 次側電圧 V_1 と電流 I_1、1 次側と 2 次側の電力 W_1、W_2 の各値を測定します。なお、測定中は、変圧器の 1 次側電圧はスライダックで調整し、常に定格電圧 AC 200 V が加わるようにします。

12-2 変圧器の実験

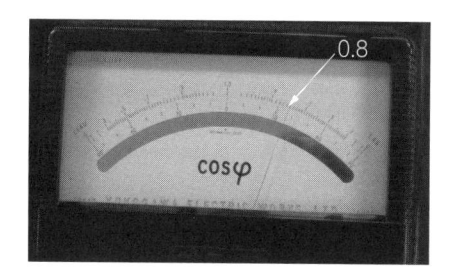

写真 12-3 力率計の表示例 (θ＝0.8)

表 12-1 変圧器の実負荷実験（負荷抵抗のみを接続した場合）

V_1 (V)	I_2 (A)	I_1 (A)	W_1 (W)	V_2 (V)	W_2 (W)	η (%)	γ (%)	$\cos\theta$
200	2.5	1.35	262	99.9	223	85.1	0.10	1
	5.0	2.63	520	99.2	453	87.1	0.81	
	7.5	3.80	770	98.8	731	94.9	1.21	
	10.0	5.12	1024	97.8	955	93.3	2.25	
	12.5	6.38	1270	96.4	1185	93.3	3.73	

表 12-2 変圧器の実負荷実験（リアクトルを並列接続した場合）

V_1 (V)	I_2 (A)	I_1 (A)	W_1 (W)	V_2 (V)	W_2 (W)	η (%)	γ (%)	$\cos\theta$
200	2.5	1.40	220	99.9	190	86.4	0.10	0.8
	5.1	2.73	424	99.4	395	93.2	0.60	
	7.6	3.95	620	98.2	575	92.7	1.83	
	10.2	5.20	820	97.1	765	93.3	2.99	
	12.4	6.35	1,000	96.2	923	92.3	3.95	

次に，負荷抵抗に可変型リアクトルを並列接続し，力率が常に $\cos\theta = 0.8$ になるように負荷抵抗とリアクトルの両方を調整します（**写真 12-3**）。この状態で，変圧器の2次側電流 I_2 を可変し，同様の測定をします。

力率 $\cos\theta$ については第10章を参照してください。

抵抗負荷のみを接続した場合の測定結果を**表 12-1** に，負荷抵抗に可変型リアクトルを並列接続した場合の測定結果を**表 12-2** に示します。

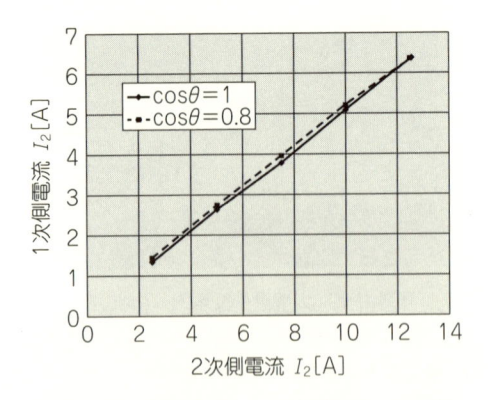

第12章 変圧器結合回路と変圧器の実験

図12-9 2次側電流 I_2 と1次側電流 I_1 の関係

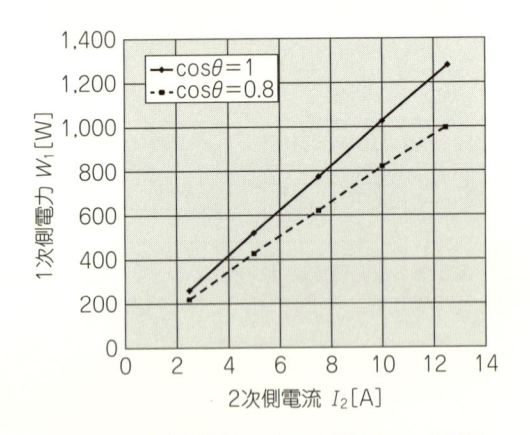

図12-10 2次側電流 I_2 と1次側電力 W_1 の関係

効率 η (%) と電圧変動率 γ (%) は次の式で計算します。

$$\eta = \frac{W_2}{W_1} \times 100 \quad \cdots\cdots (12.13)$$

$$\gamma = \frac{100 - V_2}{V_2} \times 100 \quad (2次側定格電圧 100\,\mathrm{V}) \quad \cdots\cdots (12.14)$$

また、力率 θ をパラメータに、2次側電流 I_2 と1次側電流 I_1 の関係を図12-9に、2次側電流 I_2 と1次側電力 W_1 の関係を図12-10に、2次側電流 I_2 と2次側電力 W_2 の関係を図12-11に、2次側電流 I_2 と効率 η の関係を図12-12

12-2 変圧器の実験

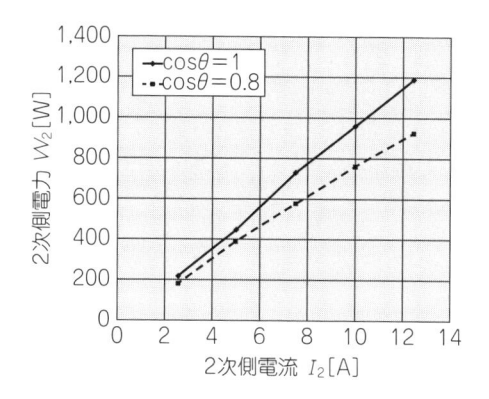

図 12-11　2次側電流 I_2 と2次側電力 W_2 の関係

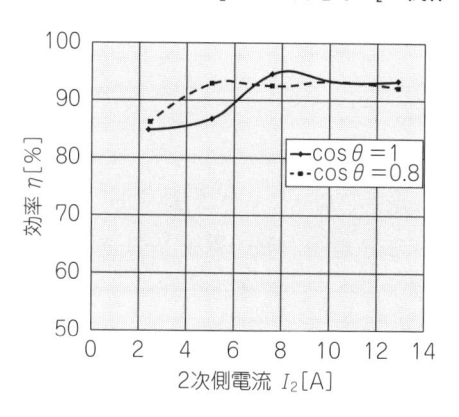

図 12-12　2次側電流 I_2 と力率 η の関係

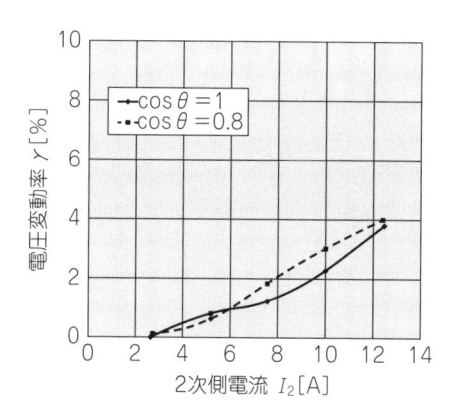

図 12-13　2次側電流 I_2 と電圧変動率 γ の関係

に、2次側電流 I_2 と電圧変動率 γ の関係を図 12-13 に示します。

2次側電流 I_2 が大きくなると、1次側電流 I_1、1次側電力 W_1、2次側電力 W_2 が大きくなります。1次側電流 I_1 は力率 θ による差異はほとんどありませんが、1次側電力 W_1 と2次側電力 W_2 は、効率 $\theta = 1$ の場合が $\theta = 0.8$ の場合に比べると大きくなります。効率 η と電圧変動率 γ は、力率 θ による顕著な差異はありません。

（2）無負荷実験

上記の実負荷実験で測定した1次側電力 W_1（または2次側電力 W_2）は、巻線抵抗による抵抗損と鉄損（無負荷時に測定される無負荷損失）の和によるものです。

無負荷時に測定される無負荷損失 W_0 の測定例について説明します。

実験回路を図 12-14 に示します。

変圧器は2次側を入力としてスライダックに接続し、AC 10 V から 10 V きざみで 100 V まで交流電圧を加えていきます。このときの入力電圧 V_1 と入力電流 I_1 を測定します。変圧器出力側の電圧 V_2 は $V_1 = 100$ V のときのみに測定し、変圧比 $a = \dfrac{\dot{V_2}}{V_1}$ を求めます。測定結果を表 12-3、図 12-15、図 12-16 に示します。

入力電流 I_1 は、入力電圧 V_1 とともに漸増していきます。また、無負荷損 W_0 は入力電流 I_1 にほぼ比例して大きくなります。これが鉄損の具体的な値です。

変圧比は、実験結果から

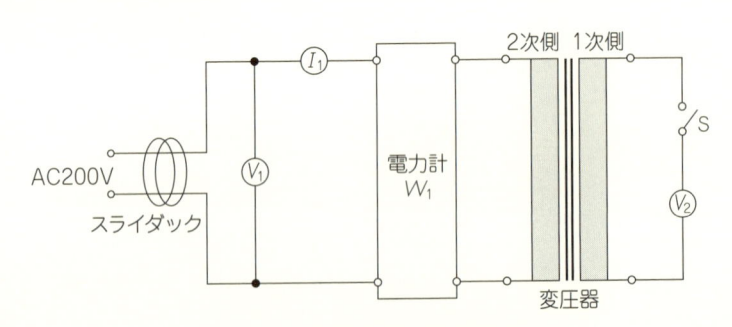

図 12-14　変圧器の無負荷実験回路

12-2 変圧器の実験

表 12-3 変圧器の無負荷実験

V_1 (V)	I_1 (A)	W_0 (W)	V_2 (V)
10	0.020	0.2	—
20	0.060	1.2	—
30	0.095	2.9	—
40	0.110	4.4	—
50	0.123	6.2	—
60	0.143	8.6	—
70	0.165	11.6	—
80	0.202	16.2	—
90	0.244	22.0	—
100	0.315	31.5	197

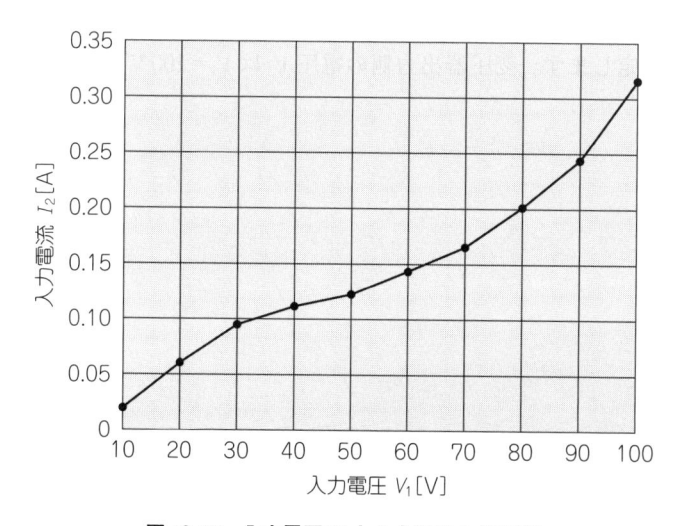

図 12-15 入力電圧 V_1 と入力電流 I_1 の関係

$$a = \frac{\dot{V}_2}{V_1} = \frac{197}{100} = 1.97$$

が得られます。

第 12 章　変圧器結合回路と変圧器の実験

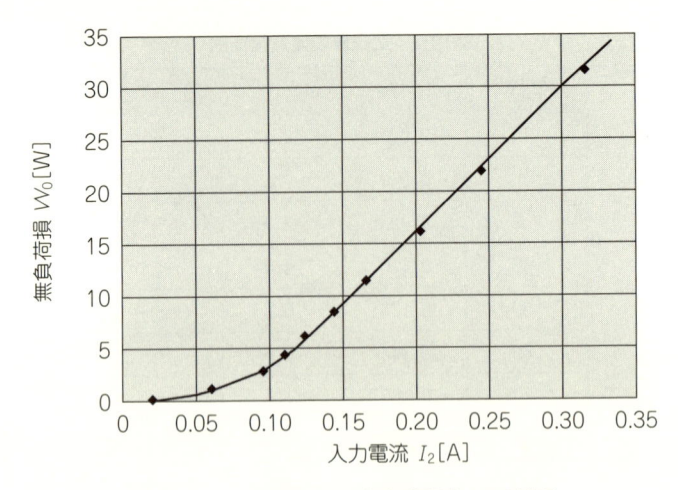

図 12-16　入力電圧 V_1 と無負荷損失 W_0 の関係

　変圧比の計算値は、変圧器の公称電圧比（$V_1 = 100$ V、$V_2 = 200$ V）に近い値が得られます。

——————————————————— 第 *13* 章 ◇

古典的解法と過渡現象

　前章までの電気回路は、回路のスイッチを入れてから十分時間が経過した後の定常状態における電圧や電流を対象にしたものですが、過渡現象とは、電気回路のスイッチを入れた瞬間から時間が経過したときに回路に流れる電流、インダクタンスの端子電圧、キャパシタンスの電荷がどのように変化していくか、これらの電気現象の経時変化を対象にします。過渡現象を解く方法には大別して、古典的解法とラプラス変換による解法があります。本章では、古典的解法による過渡現象の解き方について説明します。

　抵抗とインダクタンスの直列回路（R-L 直列回路）と、抵抗とキャパシタンスの直列回路（R-C 直列回路）の過渡現象について説明します。

13-1　*R-L* 直列回路の過渡現象

　図 13-1 の回路において、時刻 $t=0$ でスイッチ S を閉じ、直流電圧 E を印加します。回路には、電流 i が時間的に変化して流れます。厳密には、時間の関数になるので、"$i(t)$" と表現しますが、本章では単に "i" と表現します。

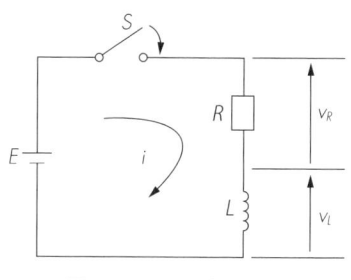

図 13-1　*R-L* 直列回路

抵抗の端子電圧を v_R、インダクタンスの端子電圧を v_L とすると、キルヒホッフの法則から

$$E = v_R + v_L \quad \cdots\cdots(13.1)$$

となります。

ここで、抵抗の端子電圧を v_R はオームの法則から

$$v_R = Ri \quad \cdots\cdots(13.2)$$

となります。

また、インダクタンスの端子電圧は、第2章の(2.2)式から

$$v_L = L\frac{di}{dt} \quad \cdots\cdots(13.3)$$

となります。

(13.2)式と(13.3)式を(13.1)式に代入すると、

$$Ri + L\frac{di}{dt} = E \quad \cdots\cdots(13.4)$$

が得られます。電流 i についての微分方程式です。

このような方程式を過渡現象では回路方程式といいます。通常、過渡現象では、最初に、回路方程式を導きます。次に、導いた回路方程式を使って、回路に流れる電流や回路要素の端子電圧、電荷（電荷量）の式を求めていきます。

公式 〈微分方程式〉

$y(t) = ax(t) + b\dfrac{dx(t)}{dt}$ のように、式の微分の中に未知の関数 $x(t)$ を含む方程式を微分方程式という。

古典的解法は、次の4つのステップで解いていきます。
・定常解
・過渡解
・一般解
・特殊解

定常解とは、スイッチSを閉じてから十分時間が経過した後の定常状態に

おける回路方程式の解のことをいいます。過渡解は、スイッチSを閉じてから定常状態になるまでの過渡状態における回路方程式の解のことをいいます。一般解とは、定常解と過渡解の和のことをいいます。特殊解とは、一般解をスイッチSを閉じた瞬間（$t=0$）における初期条件を入れて導いた解のことをいいます。

さっそく、電流 i について解いていきます。

◇定常解

スイッチSを閉じてから十分時間が経過した後の電流の変化はないとみなして、$\dfrac{di}{dt}=0$ とします。したがって、(13.4)式の回路方程式は、$E=Ri$ となり

$$i = \dfrac{E}{R} \quad \cdots\cdots (13.5)$$

が得られます。

◇過渡解

過渡解を解くための定石があります。すなわち、(13.4)式の右辺を0と置きます。

$$Ri + L\dfrac{di}{dt} = 0 \quad \cdots\cdots (13.6)$$

(13.6)式を変形します。

$$\dfrac{di}{i} = -\dfrac{R}{L}dt \quad \cdots\cdots (13.7)$$

このような変形を変数分離といいます。

両辺を積分します。

$$\int \dfrac{di}{i} = -\dfrac{R}{L}\int dt + c \quad \cdots\cdots (13.8)$$

（積分定数を c とする）

(13.8)式からさらに

第13章　古典的解法と過渡現象

$$\ln i = -\frac{R}{L}t + c \quad \cdots\cdots(13.9)$$

が得られます。

　したがって、(13.9)式から

$$i = e^{-\frac{R}{L}t + c} \quad \cdots\cdots(13.10)$$

が得られます。

　(13.10)式を書き換えます。

$$i = e^{-\frac{R}{L}t + c} = e^{c} e^{-\frac{R}{L}t} = Ce^{-\frac{R}{L}t} \quad \cdots\cdots(13.11)$$

　　（定数 $e^{c} = C$ とする）

これが過渡解です。

　ここで、(13.6)式から(13.11)を得る方法を公式として覚えておくと便利です。

公式 〈微分方程式の解〉

　　$Ay + B\dfrac{dy}{dx} = 0$ の解は、$y = Ce^{-\frac{A}{B}x}$（C：定数）である。

◇一般解

　定常解と過渡解の和は、(13.5)式と(13.11)式から

$$i = \frac{E}{R} + Ce^{-\frac{R}{L}t} \quad \cdots\cdots(13.12)$$

となります。これが一般解です。

◇特殊解

　初期条件は、時刻 $t = 0$ のとき電流 $i = 0$ とします。

　この条件を一般解の(13.12)式に代入します。

$$0 = \frac{E}{R} + Ce^{-\frac{R}{L}\cdot 0} = \frac{E}{R} + C \cdot 1$$

　ここで、$e^{-\frac{R}{L}\cdot 0} = e^{0} = 1$ です。

　したがって、定数 C は

13-1　R–L 直列回路の過渡現象

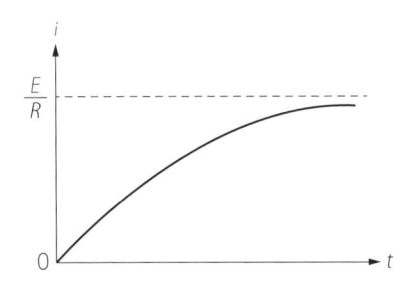

図 13-2　電流 i の過渡応答（R–L 直列回路の場合）

$$C = -\frac{E}{R} \quad \cdots\cdots(13.13)$$

が得られます。これを一般解の(13.12)式に代入します。

$$i = \frac{E}{R} + Ce^{-\frac{R}{L}t} = \frac{E}{R} - \frac{E}{R}e^{-\frac{R}{L}t} = \frac{E}{R}\left(1 - e^{-\frac{R}{L}t}\right) \quad \cdots\cdots(13.14)$$

これが特殊解です。

(13.14)式の時間 t と電流 i の関係をグラフにします。横軸に時間 t をとり、縦軸に電流 i をとったグラフを図 13-2 に示します。電流 i は時間 t とともに漸次増加して、十分時間経過後は $\dfrac{E}{R}$ に漸近していきます。このように電流 i の時間 t に対する経時変化を過渡応答といいます。

次に、インダクタンス L の端子電圧 v_L と過渡応答を求めます。

(13.3)式の i に(13.14)式を代入すると、

$$v_L = L\frac{di}{dt} = L\frac{d}{dt}\left(\frac{E}{R} - \frac{E}{R}e^{-\frac{R}{L}t}\right)$$

$$= L\frac{d}{dt}\left(\frac{E}{R}\right) - L\frac{d}{dt}\left(\frac{E}{R}e^{-\frac{R}{L}t}\right)$$

$$= 0 - L\frac{E}{R}\left(-\frac{R}{L}\right)e^{-\frac{R}{L}t}$$

$$= Ee^{-\frac{R}{L}t} \quad \cdots\cdots(13.15)$$

が得られます。

第13章 古典的解法と過渡現象

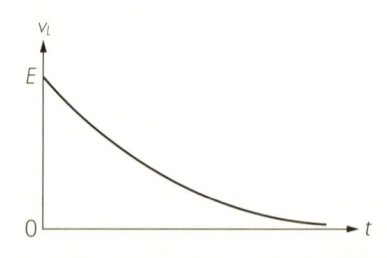

図 13-3 端子電圧 v_L の過渡応答（R–L 直列回路の場合）

時間 t に対する端子電圧 v_L の過渡応答は**図 13-3** のようになります。端子電圧 v_L は、時間経過とともに漸次減少して十分時間が経過した後は 0 に漸近していきます。

◇時定数

電流 i と端子電圧 v_L の過渡応答は、図 13-2 と図 13-3 に示すように時間 t に対して指数関数的に変化します。指数関数的に変化する場合は、時間に対する変化の目安を表わすものとして時定数（time constant）が定義されています。

R–L 直列回路の場合は、電流 i と端子電圧 v_L の式の中の指数関数 $e^{-\frac{R}{L}t}$ の指数係数 $\left(\dfrac{R}{L}\right)$ の逆数である

$$\tau = \frac{L}{R} \quad \cdots\cdots (13.16)$$

が時定数になります。時定数は時間の時限をもち、単位は R [Ω]、L [H] とすると τ [s] になります。

(13.14) 式で、$I = \dfrac{E}{R}$ とおいて電流 i を規格化すると

$$\frac{i}{I} = 1 - e^{-\frac{R}{L}t} \quad \cdots\cdots (13.17)$$

となります。

(13.17) 式をグラフにすると、**図 13-4** の過渡応答になります。縦軸の最終値

13-1 *R-L* 直列回路の過渡現象

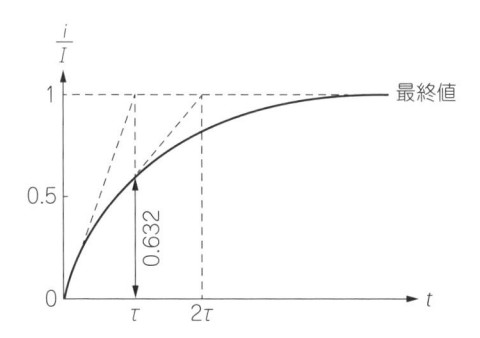

図 13-4 規格された $\dfrac{i}{I}$ の過渡応答

（最大値）は、$\dfrac{i}{I} = 1$ になります。

ここで、$t = \tau$ とすると、

$$\dfrac{i}{I} = 1 - e^{-\frac{R}{L}t} = 1 - e^{-\frac{R}{L} \cdot \frac{L}{R}} = 1 - e^{-1} = 0.6321$$

が得られます。すなわち、図 13-4 の過渡応答で、時間 $t = \tau$ のときの $\dfrac{i}{I}$ の値が 0.6321 になります。これは、$i = 0.6321\,I$ であることから、最終値 I の 63.1% であることを意味します。このことから、時定数は最終値の 63.1% になる時間であると定義することができます。

時定数 τ を過渡応答の曲線から作図で求める方法は、曲線上の任意の点から接線を引きます。このとき、任意の点から接線が最終値と交わるまでの時間が時定数 τ になります。

【例題 13-1】

図 13-1 の *R-L* 直列回路において、$E = 10$ [V]、$R = 10$ [Ω]、$L = 200$ [mH] のときの時間 $t = 0$ [s] ～ 100 [ms]（10 [ms] きざみ）の範囲で、電流 i とインダクタンス L の端子電圧 v_L の過渡応答を方眼紙に描きなさい。また、時定数 τ を求め、描いた過渡応答のグラフに接線を引きなさい。

167

第 13 章　古典的解法と過渡現象

解説

(13.14)式と(13.15)式に、題意の $E = 10$ [V]、$R = 10$ [Ω]、$L = 200$ [mH] の各定数を代入します。

$$i = \frac{10}{10}\left(1 - e^{-\frac{10}{0.2}t}\right) = 1 - e^{-50t}$$

$$v_L = Ee^{-\frac{R}{L}t} = 10\,e^{-\frac{10}{0.2}t} = 10\,e^{-50t}$$

この二つの式を用いて、$t = 0$ [s] 〜100 [ms] の範囲で 10 [ms] きざみで計算します。計算結果を**表 13-1** に示します。

時定数は、(13.16)式から

$$\tau = \frac{L}{R} = \frac{0.2}{10} = 0.02 \text{ [s]} = 20 \text{ [ms]}$$

になります。

表 13-1　電流 i と端子電圧 v_L の計算

t [s]	i [A]	v_L [V]
0	0	10
0.01	0.393	6.065
0.02	0.632	3.679
0.03	0.777	2.231
0.04	0.865	1.353
0.05	0.918	0.821
0.06	0.950	0.498
0.07	0.970	0.302
0.08	0.982	0.183
0.09	0.989	0.111
0.10	0.993	0.067

解答

電流 i と端子電圧 v_L の過渡応答を**図 13-5**、**図 13-6** に示します。それぞれ

13-1　R-L 直列回路の過渡現象

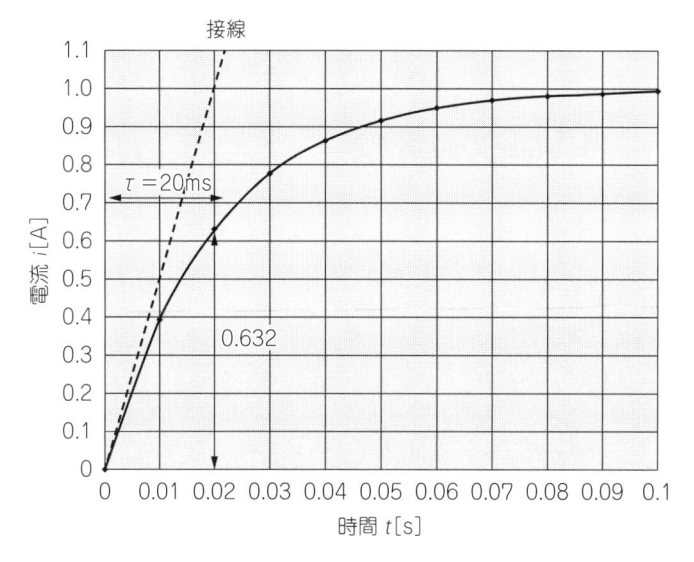

図 13-5　電流 i の過渡応答

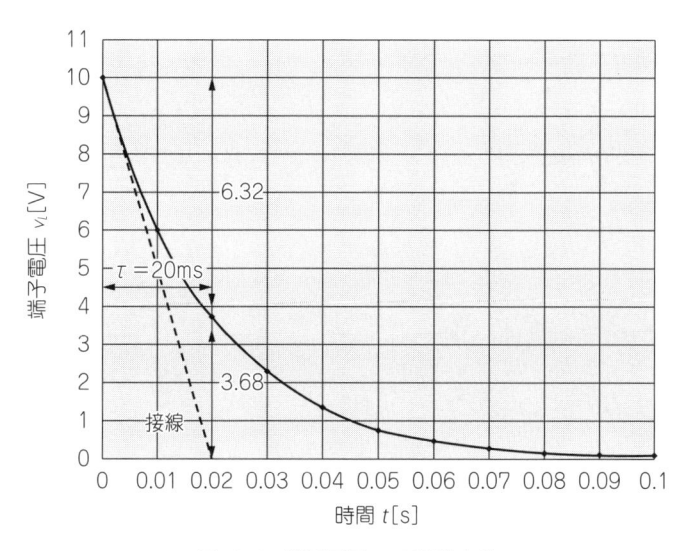

図 13-6　端子電圧 v_L の過渡応答

のグラフに接線を引きます。接線と電流 i の最終値（$i=1.0$ [A]）の交点までの時間が時定数 τ に等しくなります。また、端子電圧 v_L の初期値（$v_L=10$ [V]）から 63.2% 低下した時間が時定数 τ に等しくなります。

13-2　R-C 直列回路の過渡現象

図 13-7 の回路において、時刻 $t=0$ でスイッチ S を閉じ、直流電圧 E を印加します。回路には電流 i が時間的に変化して流れます。

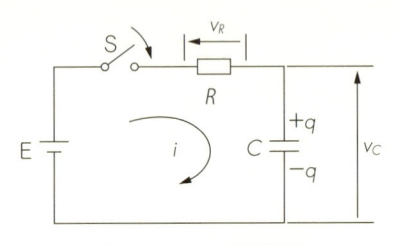

図 13-7　R-C 直列回路

抵抗の端子電圧を v_R、キャパシタンスの端子電圧を v_C とすると、キルヒホッフの法則から

$$v_R + v_C = E \quad \cdots\cdots (13.18)$$

となります。

ここで、抵抗の端子電圧 v_R は $v_R=Ri$ なので、(13.18)式は

$$Ri + v_C = E \quad \cdots\cdots (13.19)$$

となります。

一方、キャパシタンス C に蓄えられている電荷量を q とすると、端子電圧 v_C と電荷量 q との間には、

$$q = Cv_C \quad \text{または} \quad v_C = \frac{q}{C} \quad \cdots\cdots (13.20)$$

の関係が成り立ちます。

キャパシタンス C に電流が流れると、電流は電荷量として蓄積されます。これを式で表現すると、

$$q = \int_0^t i\,dt + q_0 \quad \cdots\cdots(13.21)$$

となります。ここで、q_0 は $t=0$ のときの初期電荷です。すなわち、q の初期値を意味し、スイッチ S を閉じる前からキャパシタンス C に蓄積されていた電荷を指します。

(13.21)式を(13.20)式に代入します。

$$v_C = \frac{1}{C}\int_0^t i\,dt + \frac{q_0}{C} = \frac{1}{C}\int_0^t i\,dt + v_0 \quad \cdots\cdots(13.22)$$

ここで、$v_0 = \dfrac{q_0}{C}$ は $v_C(t)$ の初期値です。

(13.22)式の両辺を微分します。

$$\frac{dv_C}{dt} = \frac{1}{C}i$$

すなわち、

$$i = C\frac{dv_C}{dt} \quad \cdots\cdots(13.23)$$

が得られます。

(13.23)式を(13.19)式に代入します。

$$RC\frac{dv_C}{dt} + v_C = E \quad \cdots\cdots(13.24)$$

端子電圧 v_C に関する回路方程式が得られます。

さらに、(13.24)式に(13.20)式の v_C を代入します。

$$RC\frac{d\left(\dfrac{q}{C}\right)}{dt} + \frac{q}{C} = E$$

$$RC\frac{dq}{dt} + q = CE \quad \cdots\cdots(13.25)$$

電荷 q に関する回路方程式が得られます。

第13章 古典的解法と過渡現象

また、(13.22)式で初期値 $v_0 = \dfrac{q_0}{C} = 0$（キャパシタンスの初期電荷 $q_0 = 0$）とおいて、これを(13.19)式に代入します。

$$Ri + \frac{1}{C}\int_0^t i\,dt = E \quad \cdots\cdots(13.26)$$

電流 i に関する回路方程式が得られます。

次に、(13.24)式の端子電圧 v_C に関する回路方程式を古典的解法で解いていきます。

◇定常解

スイッチ S を閉じた後の定常状態では、キャパシタンス C には十分電荷が蓄えられるので、端子電圧 v_C の変化はないとみなします。すなわち、(13.24)式で、$\dfrac{dv_C}{dt} = 0$ とすると、

$$v_C = E \quad \cdots\cdots(13.27)$$

が得られます。

◇過渡解

(13.24)式の右辺を 0 と置きます。

$$RC\frac{dv_C}{dt} + v_C = 0 \quad \cdots\cdots(13.28)$$

「13-1 R-L 直列回路の過渡現象」で説明した公式〈微分方程式の解〉を使って解くと、

$$v_C = Ae^{-\frac{1}{CR}t} \quad \cdots\cdots(13.29)$$

が得られます（A は定数）。

◇一般解

一般解は、定常解(13.27)式と過渡解(13.29)式の和です。

$$v_C = E + Ae^{-\frac{1}{CR}t} \quad \cdots\cdots(13.30)$$

◇特殊解

初期条件は、時刻 $t = 0$ で $v_0 = 0$（キャパシタンス C の初期電荷 $q_0 = 0$）としています。これを(13.30)式に代入します。

13-2 R-C 直列回路の過渡現象

$0 = E + Ae^{-\frac{1}{CR} \cdot 0}$ から $A = -E$ が得られます。
したがって、特殊解は、

$$v_C = E - Ee^{-\frac{1}{CR}t} = E\left(1 - e^{-\frac{1}{CR}t}\right) \quad \cdots\cdots (13.31)$$

が得られます。

電流 i は、(13.23)式に(13.31)式を代入して得られます。

$$i = C\frac{dv_C}{dt}$$

$$= C\frac{d}{dt}\left(E\left(1 - e^{-\frac{1}{CR}t}\right)\right) = CE\frac{d}{dt}\left(1 - e^{-\frac{1}{CR}t}\right) = CE\frac{1}{CR}e^{-\frac{1}{CR}t}$$

$$= \frac{E}{R}e^{-\frac{1}{CR}t} \quad \cdots\cdots (13.32)$$

電荷 q は、(13.20)式に(13.3)式を代入して得られます。

$$q = Cv_C = CE\left(1 - e^{-\frac{1}{CR}t}\right) \quad \cdots\cdots (13.33)$$

抵抗 R の端子電圧 v_R は、$v_R = Ri$ に(13.32)式を代入します。

$$v_R = Ri = R\frac{E}{R}e^{-\frac{1}{CR}t} = Ee^{-\frac{1}{CR}t} \quad \cdots\cdots (13.34)$$

得られた端子電圧 v_C と電流 i の過渡応答を図 13-8 に、電荷 q と端子電圧 v_R の過渡応答を図 13-9 に示します。

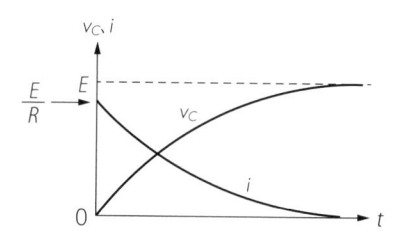

図 13-8　端子電圧 v_C と電流 i の過渡応答

第13章 古典的解法と過渡現象

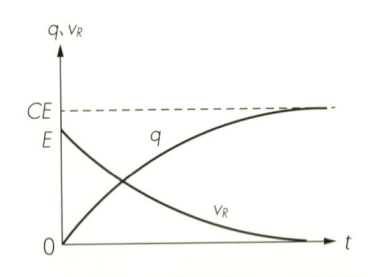

図 13-9 電荷 q と端子電圧 v_R の過渡応答

【例題 13-2】

図 13-10 の R-C 直列回路において、$E = 10$ [V]、$R = 500$ [Ω]、$C = 100$ [μF] のときの回路に流れる電流 i、キャパシタンス C の端子電圧 v_C と電荷（電荷量）q、抵抗 R の端子電圧 v_R の式を導きなさい。ただし、キャパシタンス C の初期電荷による端子電圧を $v_0 = 2$ [V] とする。

また、時間 $t = 0$ [s] 〜 20 [ms]（10 [ms] きざみ）の範囲で、電流 i、端子電圧 v_C、電荷 q、端子電圧 v_R の過渡応答を描きなさい。

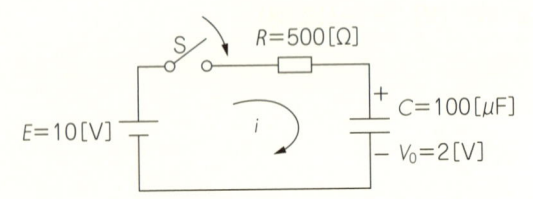

図 13-10 初期電荷が与えられた R-C 直列回路

解説

(13.30)式の一般解で、初期条件として $t = 0$ で $v_C = v_0$（$= 10$ [V]）を代入します。

$$v_0 = E + Ae^{-\frac{1}{CR} \cdot 0} = E + A \text{ から } A = v_0 - E \text{ が得られます。}$$

したがって、特殊解は、

$$v_C = E + Ae^{-\frac{1}{CR}t} = E - (E - v_0)e^{-\frac{1}{CR}t} \quad \cdots\cdots (13.35)$$

が得られます。

◇電流 i

(13.23)式に(13.35)式を代入します。

$$i = C\frac{dv_C}{dt} = C\frac{d}{dt}\left\{E - (E-v_0)e^{-\frac{1}{CR}t}\right\} = C\frac{E-v_0}{CR}e^{-\frac{1}{CR}t}$$

$$= \frac{E-v_0}{R}e^{-\frac{1}{CR}t} \quad \cdots\cdots(13.36)$$

ここで、題意の数値を代入します。

$$\frac{E-v_0}{R} = \frac{10-2}{500} = 0.016 \ [\text{A}]$$

$$CR = 100 \times 10^{-6} \times 500 = 0.05 \ [\text{s}]$$

したがって、(13.36)式は

$$i = 0.016\,e^{-\frac{1}{0.05}t} \ [\text{A}] \quad \cdots\cdots(13.37)$$

となります。

◇端子電圧 v_C

(13.35)式に題意の数値を代入します。

$$v_C = E - (E-v_0)e^{-\frac{1}{CR}t} = 10 - (10-2)e^{-\frac{1}{0.05}t}$$

$$= 10 - 8\,e^{-\frac{1}{0.05}t} \ [\text{V}] \quad \cdots\cdots(13.38)$$

◇電荷 q

(13.20)式に(13.35)式を代入して

$$q = Cv_C = C\left\{E - (E-v_0)e^{-\frac{1}{CR}t}\right\} \quad \cdots\cdots(13.39)$$

が得られます。この式に題意の数値を代入します。

$$q = C\left\{E - (E-v_0)e^{-\frac{1}{CR}t}\right\} = 100 \times 10^{-6}\left\{10 - (10-2)e^{-\frac{1}{0.05}t}\right\}$$

$$= 0.001 - 8 \times 10^{-4}e^{-\frac{1}{0.05}t} \quad \cdots\cdots(13.40)$$

◇端子電圧 v_R

(13.34)式に題意の数値を代入します。

$$v_R = Ee^{-\frac{1}{CR}t} = 10\,e^{-\frac{1}{0.05}t} \ [\text{V}] \quad \cdots\cdots(13.41)$$

解答

(13.37)式、(13.38)式、(13.40)式、(13.41)式を用いて、電流 i、端子電圧

第13章　古典的解法と過渡現象

表 13-2　電流 i、端子電圧 v_C、電荷 q、端子電圧 v_R の計算

t [s]	i [mA]	v_C [V]	q [mC]	v_R [V]
0	16.000	2.00	0.200	10.000
0.01	13.100	3.45	0.345	8.187
0.02	10.725	4.64	0.464	6.703
0.03	8.781	5.61	0.561	5.488
0.04	7.189	6.41	0.641	4.493
0.05	5.886	7.06	0.706	3.679
0.06	4.819	7.59	0.759	3.012
0.07	3.946	8.03	0.803	2.466
0.08	3.230	8.38	0.838	2.019
0.09	2.645	8.68	0.868	1.653
0.10	2.165	8.92	0.892	1.353
0.11	1.773	9.11	0.911	1.108
0.12	1.451	9.27	0.927	0.907
0.13	1.188	9.41	0.941	0.743
0.14	0.973	9.51	0.951	0.608
0.15	0.797	9.60	0.960	0.498
0.16	0.652	9.67	0.967	0.408
0.17	0.534	9.73	0.973	0.334
0.18	0.437	9.78	0.978	0.273
0.19	0.358	9.82	0.982	0.224
0.20	0.293	9.85	0.985	0.183

　v_C、電荷 q、端子電圧 v_R を計算します。計算例を**表 13-2** に示します。また、それぞれの過渡応答を描くと、**図 13-11**～**図 13-13** が得られます。

　キャパシタンス C の端子電圧 v_C は、初期電荷による電圧 $v_0 = 2$ [V] から漸次増加していきます。また、電荷 q も初期電荷（$q_0 = 0.2$ [mC]）から漸次増加していくことがわかります。

13-2 R-C 直列回路の過渡現象

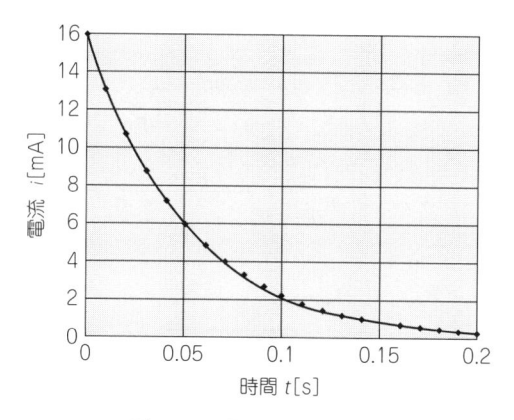

図 13-11 電流 i の過渡特性

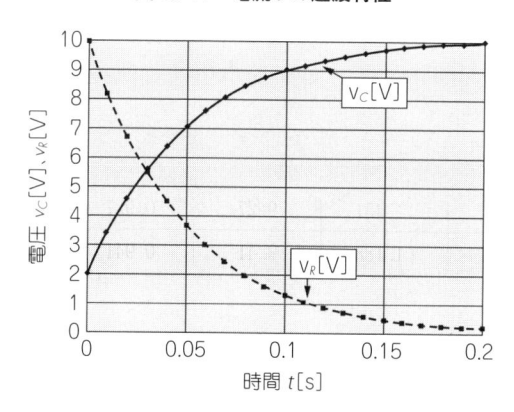

図 13-12 端子電圧 v_C と端子電圧 v_R の過渡特性

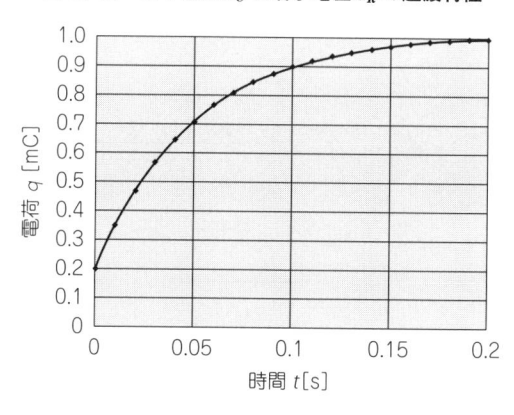

図 13-13 電荷 q の過渡特性

第13章　古典的解法と過渡現象

【例題 13-3】
　図 13-14 の回路のように、電圧 E に充電されたキャパシタンス C と抵抗 R がスイッチ S を介して接続されている。スイッチ S を ON にしてキャパシタンス C を放電させたときの回路に流れる電流 i とキャパシタンス C の端子電圧 v_C の式を導きなさい。また、$E = 10$ [V]、$C = 1000$ [μF]、$R = 100$ [Ω] とし、時間 $t = 0$ [s]～30 [ms]（20 [ms] きざみ）の範囲で電流 i と端子電圧 v_C を計算し、それぞれの過渡応答を描きなさい。

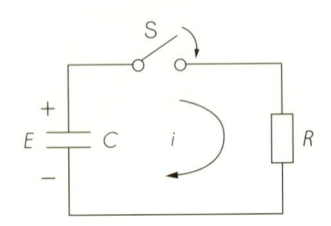

図 13-14　キャパシタンス C と抵抗 R の短絡回路

解説

　回路方程式は、キルヒホッフの法則から得られる $Ri + v_C = 0$ に (13.23) 式を代入して、

$$RC\frac{dv_C}{dt} + v_C = 0 \quad \cdots\cdots (13.42)$$

となります。

　◇定常解

　スイッチ S を ON してから十分時間が経過した後は、$\dfrac{dv_C}{dt} = 0$ となるので、(13.42) 式から

$$v_C = 0 \quad \cdots\cdots (13.43)$$

となります。

　◇過渡解

　(13.42) 式の解は、公式〈微分方程式の解〉から

$$v_C = Ae^{-\frac{1}{CR}t} \quad \cdots\cdots (13.44)$$

となります。

◇一般解

定常解と過渡解の和は、
$$v_C = 0 + Ae^{-\frac{1}{CR}t}$$
$$= Ae^{-\frac{1}{CR}t} \quad \cdots\cdots(13.45)$$

になります。

◇特殊解

初期値は、$t=0$ で $v_C = E$ とします。これを(13.45)式に代入します。$E = Ae^{-\frac{1}{CR} \cdot 0} = A \cdot 1$ から、$A = E$ となり

$$v_C = Ee^{-\frac{1}{CR}t} \quad \cdots\cdots(13.46)$$

が得られます。

電流 i は、(13.23)式から

$$i = C\frac{dv_C}{dt} = C\frac{d}{dt}\left(Ee^{-\frac{1}{CR}t}\right) = -CE\frac{1}{CR}e^{-\frac{1}{CR}t}$$

$$= -\frac{E}{R}e^{-\frac{1}{CR}t} \quad \cdots\cdots(13.47)$$

となります。

解答

計算例を**表 13-3** に示します。また、端子電圧 v_C と電流 i の過渡応答を**図 13-15** に示します。スイッチ S を ON にすると、キャパシタンス C から電流 i が放電し、時間経過とともに回路を流れる電流は減少していきます。また、端子電圧 v_C も電流が放電していくことにより、電圧 E から漸次減少していきます。

第13章 古典的解法と過渡現象

表 13-3 端子電圧 v_C と電流 i の計算例

t [s]	v_C [V]	i [mA]
0	10	-100
0.02	8.187	-81.9
0.04	6.703	-67.0
0.06	5.488	-54.9
0.08	4.493	-44.9
0.10	3.679	-36.8
0.12	3.012	-30.1
0.14	2.466	-24.7
0.16	2.019	-20.2
0.18	1.653	-16.5
0.20	1.353	-13.5
0.22	1.108	-11.1
0.24	0.907	-9.1
0.26	0.743	-7.4
0.28	0.608	-6.1
0.30	0.498	-5.0

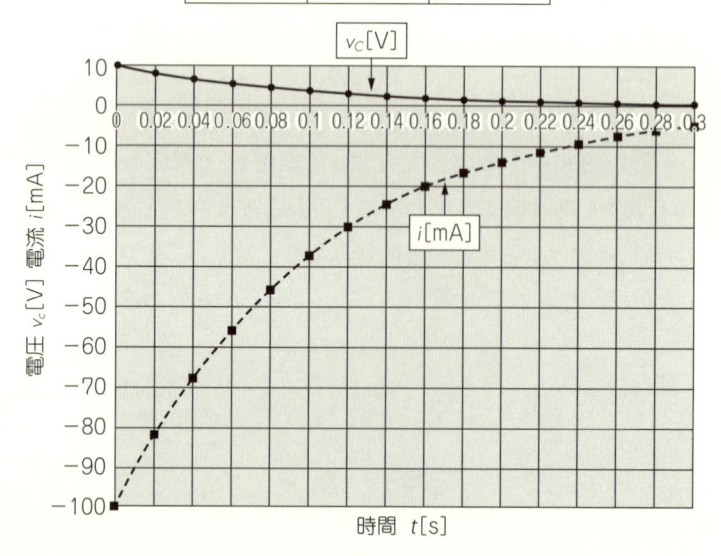

図 13-15 端子電圧 v_C と電流 i の過渡応答

第14章

ラプラス変換と過渡現象

　過渡現象の解法には、第13章で説明した古典的解法と、本章で説明するラプラス変換による解法があります。本章では、最初にラプラス変換について説明します。次に、第13章で説明した$R–L$直列回路と$R–C$直列回路の過渡特性についてラプラス変換を用いて解きます。古典的解法と比較することができます。次に、ラプラス変換による解法の一つであるs回路法について説明します。最後に、電気回路の基本信号として使われるステップ応答とインパルス応答とこれらの使用例について説明します。

14-1　ラプラス変換

　時間tの関数$f(t)$をラプラス変換（Laplace transformation）する式は、

$$F(s) = L\{f(t)\} = \int_0^\infty e^{-st} f(t) dt \quad \cdots\cdots(14.1)$$

のように定義されます。

　この式をラプラス変換式といいます。ここで、$L\{f(t)\}$は、関数$f(t)$をラプラス変換することを意味します。英字"L"はラプラス（Laplace）の頭文字で、ラプラス記号です。e^{-st}は指数関数で、$\exp(-st)$と表現することもできます。sはラプラス変数またはラプラス演算子といい、実態は複素数（$s = \sigma + j\omega$、σ：包絡定数、ω：角周波数）です。

　また、ラプラスの逆変換は、

$$L^{-1}\{F(s)\} = f(t) \quad \cdots\cdots(14.2)$$

のように表記します。

　時間tの関数である$f(t)$とラプラス変換したsの関数$F(s)$の関係を図示

第14章 ラプラス変換と過渡現象

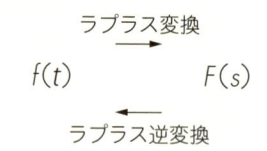

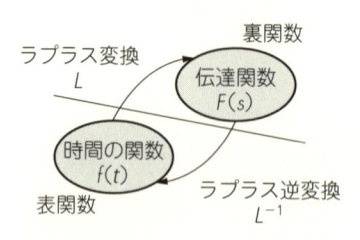

$$f(t) \xrightarrow{\text{ラプラス変換}} F(s)$$
$$f(t) \xleftarrow{\text{ラプラス逆変換}} F(s)$$

図 14-1 $f(t)$ と $F(s)$ の関係

すると、図 14-1 のような関係になります。$f(t)$ と $F(s)$ は表裏一体の関係にあります。数学では、$f(t)$ を表関数、$F(s)$ を裏関数と表現しています。

ラプラス変換の表記には次のような約束事があります。ラプラス変換固有の表現法です。

・小文字の i や v は大文字の I や V に書き直す。

・時間 t の関数を s の関数に書き直す。

・微分記号 $\dfrac{d}{dt}$ は s に、積分記号 $\int$ は $\dfrac{1}{s}$ に書き直す。

時間関数である電圧 $v(t)$ と電流 $i(t)$ を使って、例をあげて説明します。

〈例 1〉電圧 $v(t)$ のラプラス変換表記は $V(s)$

〈例 2〉電流 $i(t)$ のラプラス変換表記は $I(s)$

〈例 3〉電圧の微分 $\dfrac{dv(t)}{dt}$ のラプラス変換表記は $sV(s)$

〈例 4〉電流の積分 $\int i(t)dt$ のラプラス変換表記は $\dfrac{1}{s}I(s)$

これらの表現法とラプラス変換の公式集(**表 14-1**)を使うことにより機械的にラプラス変換の表記に書き直すことができます。

14-1 ラプラス変換

表 14—1 ラプラス変換（逆変換）の公式集

$f(t)$	$F(s)$
1	$\dfrac{1}{s}$
A（定数）	$\dfrac{A}{s}$
t	$\dfrac{1}{s^2}$
t^2	$\dfrac{2}{s^3}$
e^{at}（a：定数）	$\dfrac{1}{s-a}$
e^{-at}	$\dfrac{1}{s+a}$
$\sin\omega t$	$\dfrac{\omega}{s^2+\omega^2}$
$\cos\omega t$	$\dfrac{s}{s^2+\omega^2}$
$e^{-at}\sin\omega t$	$\dfrac{\omega}{(s+a)^2+\omega^2}$
$e^{-at}\cos\omega t$	$\dfrac{s+a}{(s+a)^2+\omega^2}$
$\dfrac{df(t)}{dt}$	$sF(s)$
$\displaystyle\int f(t)dt$	$\dfrac{1}{s}F(s)$
$\delta(t)$	1

【例題 14-1】

$f(t)=1$ をラプラス変換式を使ってラプラス変換しなさい。

解説

ラプラス変換式に代入します。

$$F(s)=L\{f(t)\}=\int_0^\infty e^{-st}f(t)dt$$

$$= \int_0^\infty e^{-st} 1\, dt = \int_0^\infty e^{-st} dt = -\frac{1}{s}\left[e^{-st}\right]_0^\infty = -\frac{1}{s}\left(\frac{1}{e^\infty} - \frac{1}{e^0}\right)$$

$$= -\frac{1}{s}(0-1) = \frac{1}{s} \quad \cdots\cdots(14.3)$$

解答

$\dfrac{1}{s}$

【例題 14-2】
$f(t) = e^{at}$（a は定数）をラプラス変換式を使ってラプラス変換しなさい。

解説

$$F(s) = \int_0^\infty e^{-st} f(t)\, dt$$

$$= \int_0^\infty e^{-st} e^{at} dt = \int_0^\infty e^{-(s-a)t} dt = \int_0^\infty e^{-st} dt = \frac{1}{s}$$

$$= \frac{1}{s-a} \quad \cdots\cdots(14.4)$$

上の計算で、$s-a = S$ とおいています。

解答

$\dfrac{1}{s-a}$

【例題 14-3】
$f(t) = t$ をラプラス変換式を使ってラプラス変換しなさい。

解説

ラプラス変換式に代入します。

$$F(s) = \int_0^\infty e^{-st} f(t) dt = \int_0^\infty e^{-st} t \, dt \quad \cdots\cdots(14.5)$$

ここで、次の公式〈関数の積の不定積分〉を使います。
(14.5)式を公式の(A)式に当てはめます。

$$F(s) = \int_0^\infty e^{-st} t \, dt = \left[-\frac{1}{s} e^{-st} t - \frac{1}{s^2} e^{-st} \right]_0^\infty = 0 + \frac{1}{s^2}$$

$$= \frac{1}{s^2} \quad \cdots\cdots(14.6)$$

解答

$\dfrac{1}{s^2}$

公式〈関数の積の不定積分〉

二つの関数を $u(t)$、$v(t)$ とし、それぞれの関数の微分形を

$$u'(t) \left(= \frac{du(t)}{dt} \right)$$

$$v'(t) \left(= \frac{dv(t)}{dt} \right)$$

とすると、

$$\int u'(t) v(t) dt = u(t) v(t) - \int u(t) v'(t) \quad \cdots\cdots(A)$$

の関係式が成り立ちます。

ここで、

$u'(t) = e^{-st} \quad \cdots\cdots(B)$

$v(t) = t \quad \cdots\cdots(C)$

とおくと、次式が得られます。

第14章 ラプラス変換と過渡現象

$$u(t) = \int u'(t)dt = \int e^{-st}dt = -\frac{1}{s}e^{-st} \quad \cdots\cdots (D)$$

$$v'(t) = \frac{d}{dt}v(t) = \frac{d}{dt}t = 1 \quad \cdots\cdots (E)$$

(B)式～(E)式を(A)式に代入します。

$$\int e^{-st}tdt = -\frac{1}{s}e^{-st}t - \int \left(-\frac{1}{s}e^{-st}\right)1\,dt = -\frac{1}{s}e^{-st}t + \frac{1}{s}\left(-\frac{1}{s}e^{-st}\right)$$

$$= -\frac{1}{s}e^{-st}t - \frac{1}{s^2}e^{-st} \quad \cdots\cdots (F)$$

ラプラス変換は、このようにラプラス変換式を使って計算することができます。例題14-1～例題14-3は、表4-1のラプラス変換（逆変換）の中の計算例を説明したものです。実際のラプラス変換に際しては表の公式集を機械的に使うと便利です。

【例題14-4】

表14-1の「ラプラス変換（逆変換）の公式集」を使って、次の関数をラプラス変換またはラプラス逆変換しなさい。

① $f(t) = 10$

② $f(t) = 3 + 2e^{4t} - 5e^{-2t}$

③ $f(t) = 2t$

④ $F(s) = -\dfrac{4}{s}$

⑤ $F(s) = \dfrac{1}{s+1}$

⑥ $F(s) = \dfrac{1}{2s+4}$

⑦ $F(s) = \dfrac{3}{s+4} - \dfrac{5}{s-2}$

⑧ $F(s) = \dfrac{\omega}{s^2 + \omega^2}$

⑨ $F(s) = \dfrac{s}{s^2 + \omega^2}$

解説

① 公式集の $L\{A\} = \dfrac{A}{s}$ の定数 $A = 10$ の場合です。

ラプラス変換は、$F(s) = L^{-1}\{10\} = \dfrac{10}{s}$ です。

② 公式集の $L\{e^{at}\} = \dfrac{1}{s-a}$、$L\{e^{-at}\} = \dfrac{1}{s+a}$ からラプラス変換は、

$F(s) = L^{-1}\{3 + 2e^{4t} - 5e^{-2t}\} = L^{-1}\{3\} + 2L^{-1}\{e^{4t}\} - 5L^{-1}\{e^{-2t}\}$

$= \dfrac{3}{s} + 2\dfrac{1}{s-4} - 5\dfrac{1}{s+2}$

です。

③ 公式集の $L\{t\} = \dfrac{1}{s^2}$ からラプラス変換は、

$F(s) = L^{-1}\{2t\} = 2L^{-1}\{t\} = \dfrac{2}{t^2}$

です。

④ ラプラス逆変換の場合です。

式を書き換えます。

$F(s) = -\dfrac{4}{s} = -4 \cdot \dfrac{1}{s}$

$f(t) = L^{-1}\{F(s)\} = L^{-1}\left\{-4 \cdot \dfrac{1}{s}\right\} = -4L^{-1}\left\{\dfrac{1}{s}\right\} = -4$

ここで、公式集から $f(t) = L^{-1}\left\{\dfrac{1}{s}\right\} = 1$ です。

⑤ 公式集の $F(s) = \dfrac{1}{s+a}$ の $a=1$ の場合です。

$$f(t) = L^{-1}\{F(s)\} = L^{-1}\left\{\dfrac{1}{s+1}\right\} = e^{-t}$$

⑥ 式を書き換えます。

$$F(s) = \dfrac{1}{2s+4} = \dfrac{\frac{1}{2}}{s+2} = \dfrac{1}{2}\cdot\dfrac{1}{s+2}$$

$$f(t) = L^{-1}\{F(s)\} = L^{-1}\left\{\dfrac{1}{2}\cdot\dfrac{1}{s+2}\right\} = \dfrac{1}{2}e^{-2t}$$

ここで、公式集から $f(t) = L^{-1}\left\{\dfrac{1}{s+2}\right\} = e^{-2t}$ です。

⑦ $f(t) = L^{-1}\{F(s)\} = L^{-1}\left\{\dfrac{3}{s+4} - \dfrac{5}{s-2}\right\} = L^{-1}\left\{\dfrac{3}{s+4}\right\} - L^{-1}\left\{\dfrac{5}{s-2}\right\}$

$$L^{-1}\left\{\dfrac{3}{s+4}\right\} = 3L^{-1}\left\{\dfrac{1}{s+4}\right\} = 3e^{-4t}$$

$$L^{-1}\left\{\dfrac{5}{s-2}\right\} = 5L^{-1}\left\{\dfrac{1}{s-2}\right\} = 5e^{2t}$$

したがって、

$$f(t) = L^{-1}\{F(s)\} = 3e^{-4t} - 5e^{2t} \text{ です。}$$

⑧ 題意の式を次のように書き換え、逆変換します。

$$F(s) = \dfrac{\omega}{s^2+\omega^2} = \dfrac{\omega}{s-(j\omega)^2} = \dfrac{\omega}{(s-j\omega)(s+j\omega)}$$

$$= \dfrac{1}{2j}\left(\dfrac{1}{s-j\omega} - \dfrac{1}{s+j\omega}\right) = \dfrac{1}{2j}(e^{j\omega t} - e^{-j\omega t})$$

$$f(t) = L^{-1}\{F(s)\} = L^{-1}\left\{\dfrac{1}{2j}\left(\dfrac{1}{s-j\omega} - \dfrac{1}{s+j\omega}\right)\right\}$$

$$= \dfrac{1}{2j}\left\{L^{-1}\left(\dfrac{1}{s-j\omega}\right) - L^{-1}\left(\dfrac{1}{s+j\omega}\right)\right\} = \dfrac{1}{2j}(e^{j\omega t} - e^{-j\omega t})$$

ここで、公式集から $L^{-1}\left\{\dfrac{1}{s-j\omega}\right\} = e^{j\omega t}$、$L^{-1}\left\{\dfrac{1}{s+j\omega}\right\} = e^{-j\omega t}$ です。

次に、数学の公式〈オイラーの等式〉を使います。上の式は、

$$F(s) = \dfrac{1}{2j}(e^{j\omega t} - e^{-j\omega t}) = \sin\omega t$$

となります。オイラーの等式の $\theta = \omega t$ の場合です。

公式〈オイラーの等式〉

$$e^{j\theta} = \cos\theta + j\sin\theta \qquad \cos\theta = \dfrac{e^{j\theta} + e^{-j\theta}}{2} \qquad \sin\theta = \dfrac{e^{j\theta} - e^{-j\theta}}{2i}$$

---

⑨ 同様に、次のように書き換え、逆変換します。

$$F(s) = \dfrac{s}{s^2 + \omega^2} = \dfrac{s}{s-(j\omega)^2} = \dfrac{s}{(s-j\omega)(s+j\omega)}$$

$$= \dfrac{1}{2}\left(\dfrac{1}{s-j\omega} - \dfrac{1}{s+j\omega}\right) = \dfrac{1}{2}(e^{j\omega t} - e^{-j\omega t})$$

$$f(t) = L^{-1}\{F(s)\} = L^{-1}\left\{\dfrac{1}{2}\left(\dfrac{1}{s-j\omega} - \dfrac{1}{s+j\omega}\right)\right\}$$

$$= \dfrac{1}{2}\left\{L^{-1}\left(\dfrac{1}{s-j\omega}\right) - L^{-1}\left(\dfrac{1}{s+j\omega}\right)\right\} = \dfrac{1}{2}(e^{j\omega t} - e^{-j\omega t})$$

ここで、オイラーの等式を適用します。

$$F(s) = \dfrac{1}{2}(e^{j\omega t} - e^{-j\omega t}) = \cos\omega t$$

解答

① $\dfrac{10}{s}$　② $\dfrac{3}{s} + 2\dfrac{1}{s-4} - 5\dfrac{1}{s+2}$　③ $\dfrac{2}{t^2}$　④ -4　⑤ e^{-t}　⑥ $\dfrac{1}{2}e^{-2t}$

⑦ $3e^{-4t} - 5e^{2t}$　⑧ $\sin\omega t$　⑨ $\cos\omega t$

14-2　*R-L* 直列回路と *R-C* 直列回路のラプラス変換

R-L 直列回路と R-C 直列回路の古典的解法については第 13 章で説明しました。同じ回路について、回路方程式を直接ラプラス変換し、その後、ラプラス逆変換して時間関数を求める解法（手順）について説明します。

（1）　*R-L* 直列回路

R-L 直列回路は図 13-1 と同じです。

回路方程式は、

$$E = Ri + L\frac{di}{dt} \quad \cdots\cdots \text{（14.7）}$$

です〔第 13 章の(13.4)式と同じ〕。

ラプラス変換の表記に書き直します。

$$E\frac{1}{s} = RI(s) + LsI(s) \quad \cdots\cdots \text{（14.8）}$$

この式を $I(\mathrm{s})$ について書き直します。

$$I(\mathrm{s}) = \frac{E}{s(R+sL)}$$

$$= \frac{E}{R} \cdot \frac{R}{sR + s^2L} = \frac{E}{R}\left(\frac{1}{s} \cdot \frac{R}{R+sL}\right) = \frac{E}{R}\left\{\frac{1}{s} \cdot \frac{(R+sL) - sL}{R+sL}\right\}$$

$$= \frac{E}{R}\left\{\frac{1}{s}\left(1 - \frac{sL}{R+sL}\right)\right\} = \frac{E}{R}\left\{\frac{1}{s}\left(1 - \frac{1}{\frac{R}{sL}+1}\right)\right\}$$

$$= \frac{E}{R}\left(\frac{1}{s} - \frac{1}{s + \frac{R}{L}}\right) \quad \cdots\cdots \text{（14.9）}$$

この式が、電流 $i(t)$ のラプラス変換の式になります。

(14.3) 式をラプラス逆変換します。

ラプラス変換の表記法と公式集から、

14-2 R–L 直列回路と R–C 直列回路のラプラス変換

$I(s) \to i(t)$

$\dfrac{1}{s} \to 1$

$\dfrac{1}{s + \dfrac{R}{L}} \to e^{-\frac{R}{L}t}$

となります。

したがって、ラプラス逆変換の式は、

$$i(t) = \dfrac{E}{R}\left(1 - e^{-\frac{R}{L}t}\right) \quad \cdots\cdots (14.10)$$

となり、第 13 章の特殊解(13.14)式と同じになります。

電流 $i(t)$ の過渡特性は図 13-2 と同じになります。

(2) R–C 直列回路

R–C 直列回路は図 13-7 と同じです。

電流 i に関する回路方程式は

$$E = Ri + \dfrac{1}{C}\int_0^t i\,dt \quad \cdots\cdots (14.11)$$

です〔第 13 章の(13.26)式と同じ〕。

(14.11)式をラプラス変換の表示に書き直します。

$E \to \dfrac{E}{s}$

$Ri \to RI(s)$

$\dfrac{1}{C}\displaystyle\int_0^t i\,dt \to \dfrac{1}{C} \cdot \dfrac{1}{s} I(s)$

したがって、(14.11)式は

$$\dfrac{E}{s} = RI(s) + \dfrac{1}{C} \cdot \dfrac{1}{s} I(s) \quad \cdots\cdots (14.12)$$

となります。電流 $i(t)$ のラプラス変換の式が得られます。

次に、(14.12)式をラプラス逆変換します。

第 14 章　ラプラス変換と過渡現象

$$\frac{E}{s} = RI(s) + \frac{1}{C} \cdot \frac{1}{s} I(s) = \frac{CsRI(s) + I(s)}{Cs} = \frac{I(s)(CRs+1)}{Cs}$$

両辺の分母の s を打ち消して

$$E = \frac{I(s)(CRs+1)}{C}$$

これから

$$I(s) = \frac{EC}{CRs+1} \quad \cdots\cdots \quad (14.13)$$

が得られます。

(14.13)式をラプラス逆変換します。

$$I(s) = \frac{EC}{CRs+1} = \frac{E}{R} \cdot \frac{1}{s + \frac{1}{CR}}$$

これから

$$i(t) = \frac{E}{R} e^{-\frac{1}{CR}t} \quad \cdots\cdots \quad (14.14)$$

が得られます。この式は、第 13 章の(13.32)式と同じになります。電流 i の過渡応答は図 13-8 のようになります。

　ラプラス変換による解法について手順をまとめると以下のようになります。

・回路方程式を導く。
・回路方程式をラプラス変換する。
　このとき、初期条件は変換した式の中に自然に含まれるので、変換する際には初期条件を考慮する必要がない。
・(14.8)式や(14.12)式から $I(s)$ を求めたように代数計算で $I(s)$ を求める。
　ラプラス変換の公式集が使えるように式を書き直す。
・求めた $I(s)$ をラプラス逆変換して時間関数 $i(t)$ を求める。

（3）　s 回路法

　上記で説明した解法は、回路方程式を直接ラプラス変換し、その後、ラプラス逆変換して時間関数を求める方法ですが、s 回路法とは、対象の電気回路を

14-2 $R\text{-}L$ 直列回路と $R\text{-}C$ 直列回路のラプラス変換

(a) $R\text{-}L$直列回路

(b) $R\text{-}L$直列回路のS回路

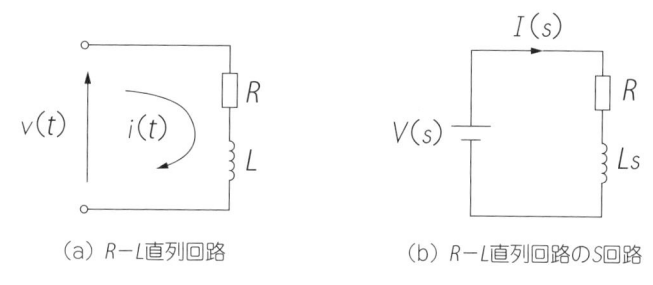

図14-2 $R\text{-}L$ 直列回路の s 回路法

s 回路に書き直した後に、オームの法則やキルヒホッフの法則を使って単純に代数計算し、その後にラプラス逆変換して時間関数を求める方法です。

上記解法との違いは、対象の回路を s 回路に書き直すことです。

$R\text{-}L$ 直列回路について説明します。

最初に、$R\text{-}L$ 直列回路〔図 14-2(a)〕を s 回路〔同図 (b)〕に書き直します。すなわち、$v(t) \to V(s)$、$i(t) \to I(s)$、$L \to Ls$ のようにラプラス変換の表記にします。

インダクタンス L の場合は、端子電圧のラプラス変換表記が $L\dfrac{di(t)}{dt} \to LsI(s)$ となり、同図 (b) の回路電流 $I(s)$ に対してインピーダンスは Ls になるので、同図 (b) のように表記します。

次に、電流 $I(s)$ を求めます。同図 (b) の s 回路でキルヒホッフの法則から $v(t) = E$ とすると、ラプラス変換表記は $V(s) = \dfrac{E}{s}$ となるので、

$$I(s) = \frac{\dfrac{E}{s}}{R + Ls} = \frac{E}{R}\left(\frac{1}{s} - \frac{1}{s + \dfrac{R}{L}}\right)$$

となります。

最後に、ラプラス逆変換すると、

$$i(t) = \frac{E}{R}\left(1 - e^{-\frac{R}{L}t}\right)$$

が得られます。

【例題 14-5】

電圧 E に初期充電されたキャパシタンス C と抵抗 R の短絡回路〔図 14-3 (a)〕に流れる電流の式を s 回路法で求めなさい。

(a) C–R 短絡回路 　　(b) C–R 短絡回路の S 回路

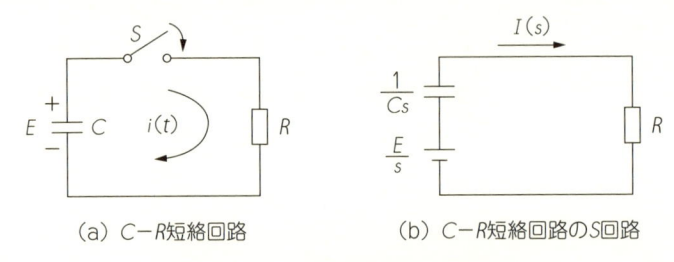

図 14-3　C-R 短絡回路の s 回路法

解説

題意の C-R 短絡回路を s 回路に書き直します〔図 14-3 (b)〕。キャパシタンス C の s 回路の表記は、

キャパシタンスの初期電圧 E のラプラス変換表記 $v(t) = E \to \dfrac{E}{s}$、

キャパシタンス C の端子電圧のラプラス変換表記 $\dfrac{1}{C}\int vC\,(t)dt \to \dfrac{1}{Cs}$

に分けて回路に表記します。

次に、s 回路から電流 $I(s)$ を求めます。

$$I(s) = \frac{\dfrac{E}{s}}{R + \dfrac{1}{Cs}} = \frac{E}{R}\cdot\frac{1}{s + \dfrac{1}{CR}}$$

最後に、ラプラス逆変換すると、

$$i(t) = \frac{E}{R} e^{-\frac{1}{CR}t}$$

が得られます。

ここで、回路の流れる電流方向について、キャパシタンスに流入する方向を＋にとれば、上の式は $i(t) = -\dfrac{E}{R} e^{-\frac{1}{CR}t}$ となり、第13章の(13.47)式と同じになります。

解答

$$i(t) = \frac{E}{R} e^{-\frac{1}{CR}t}$$

14-3　インディシャル応答とインパルス応答

過渡応答には大別して2種類があります、ステップ応答とインパルス応答です。電気回路の過渡応答を調べる際に、不特定な信号を加えるよりはあらかじめ分かっている基準となる信号を加えたほうが後々解析しやすくなります。この基準となる信号が単位ステップ信号と単位インパルス信号になります。単位ステップ信号を使ったインディシャル応答と、単位インパルス信号を使ったインパルス応答について説明します。

（1）　インディシャル応答

ステップ応答とは、ある大きさの階段状のステップ信号を加えたときの過渡応答をいいます。特に、大きさが1のステップ信号を単位ステップ信号といいます（図14-4）。また、単位ステップ信号を加えたときの応答をインディシャル応答といいます。

単位ステップ信号を数学記号で表すと、

$$\begin{cases} t<0 & 0 \\ t\geq 0 & 1 \end{cases} \quad \cdots\cdots(14.15)$$

となります。

時間関数として

第14章 ラプラス変換と過渡現象

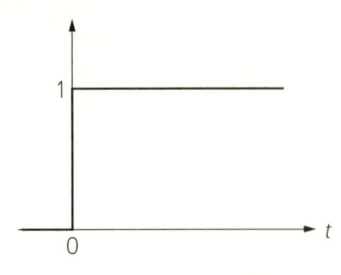

図 14-4 単位ステップ信号

$$u(t) = 1(t) \quad \cdots\cdots (14.16)$$

のように表記します。

単位ステップ信号のラプラス変換は、

$$L\{1(t)\} = \frac{1}{s} \quad \cdots\cdots (14.17)$$

となります。

R-L 直列回路のインディシャル応答について説明します（図 14-5）。

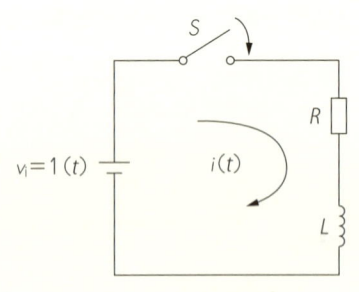

図 14-5　R-L 直列回路のインディシャル応答

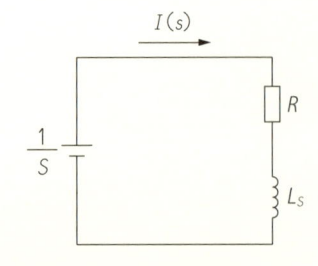

図 14-6　R-L 直列回路の s 回路

この回路を s 回路に書き直します（図 14-6）

s 回路から電流 $I(s)$ を求めます。

$$I(s) = \frac{\frac{1}{s}}{R+Ls} = \frac{1}{R}\left(\frac{1}{s} - \frac{1}{s+\frac{R}{L}}\right)$$

これからラプラス逆変換して、電流 $i(t)$ は

$$i(t) = \frac{1}{R}(1 - e^{-\frac{R}{L}t})$$

が得られます。

上記の R–L 直列回路にステップ信号として $v_i(t) = E \cdot 1(t) = E$（図 14-7）を加えた場合の電流 $i(t)$ は

$$i(t) = \frac{E}{R}(1 - e^{-\frac{R}{L}t})$$

となり、(14.10)式と同じになります。これまで扱ってきた直流電源は、単位ステップ信号に任意の大きさを乗じたステップ信号であるとみなすことができます。

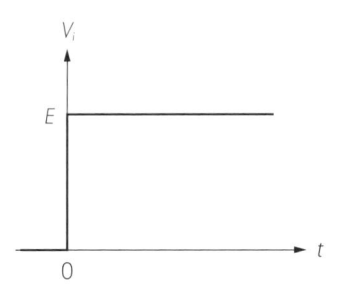

図 14-7　大きさ E のステップ信号

【例題 14-6】

R–C 直列回路に単位ステップ信号を加えたときの回路電流 $i(t)$ を求めなさい（図 14-8）。

第14章 ラプラス変換と過渡現象

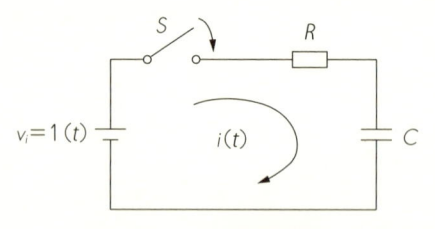

図 14-8 $R-C$ 直列回路の インディシャル応答

解説

題意の回路を s 回路に書き直したものを図 14-9 に示します。
s 回路から電流 $I(s)$ を求めます。

$$I(s) = \frac{\frac{1}{s}}{R + \frac{1}{Cs}} = \frac{1}{R} \cdot \frac{1}{s + \frac{1}{CR}}$$

これから、ラプラス逆変換して電流 $i(t)$ は

$$i(t) = \frac{1}{R} e^{-\frac{1}{CR}t}$$

が得られます。

ステップ信号として $v_i(t) = E \cdot 1(t) = E$ を加えた場合の電流 $i(t)$ は、

$$i(t) = \frac{E}{R} e^{-1\frac{1}{CR}t}$$

となり、(14.14)式と同じになります。

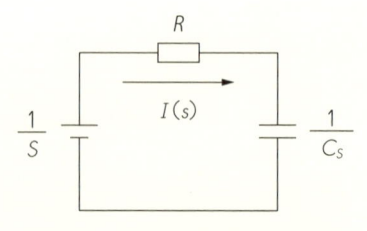

図 14-9 $R-C$ 直列回路の s 回路 （インディシャル応答）

解答

$$i(t) = \frac{1}{R} e^{-\frac{1}{CR}t}$$

（2） インパルス応答

インパルス応答とは、入力信号に単位インパルスを加えたときの過渡応答をいいます。単位インパルス信号を**図 14-10**に示します。幅 ε で高さ $\dfrac{1}{\varepsilon}$ の単位方形波（面積は 1）で、$\varepsilon \to 0$ に近づけた極限の方形波を単位インパルスと定義します。

単位インパルス信号は、数学ではデルタ関数（Delta function または Unit impulse）といいます。

$\delta(t)$ と表記します。

数学記号では、

$$\begin{cases} t = 0 & \delta(t) \neq 0 \\ t \neq 0 & \delta(t) = 0 \end{cases} \quad \cdots\cdots (14.18)$$

$$\int_{-\infty}^{\infty} \delta(t)\,dt = 1 \quad \cdots\cdots (14.19)$$

と表記します。

単位インパルス信号のラプラス変換は、

$$L\{\delta(t)\} = 1 \quad \cdots\cdots (14.20)$$

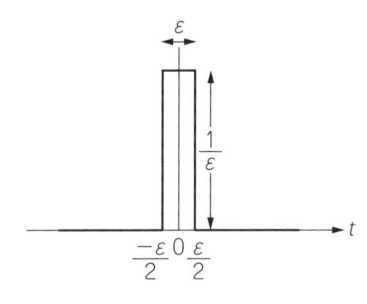

図 14-10　単位インパルス信号

第14章 ラプラス変換と過渡現象

となります。

【例題 14-7】

R-L 直列回路に単位インパルス信号を加えたときの回路電流 $i(t)$ を求めなさい（図 14-11）。

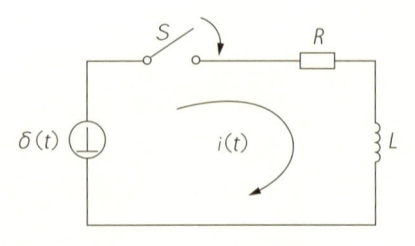

図 14-11　R-L 直列回路のインパルス信号

解説

図 14-11 の s 回路を図 14-12 に示します。

s 回路から電流 $I(s)$ を求めます。

$$I(s) = \frac{1}{R+Ls} = \frac{1}{L} \cdot \frac{1}{s + \frac{R}{L}}$$

これから、ラプラス逆変換して、電流 $i(t)$ は

$$i(t) = \frac{1}{L} e^{-\frac{R}{L}t}$$

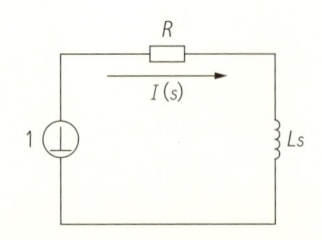

図 14-12　R-L 直列回路の s 回路（インパルス応答）

14-3 インディシャル応答とインパルス応答

解答

$$i(t) = \frac{1}{L} e^{-\frac{R}{L}t}$$

【例題 14-8】

図 14-13 に示すような波形がある。この波形をラプラス変換しなさい。

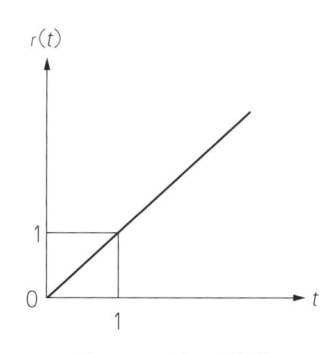

図 14-13　ランプ関数

解説

$r(t) = t$ で表される関数をランプ関数（Ramp function）といいます。

単位ステップ関数は $u(t) = 1$ であるので、

$$r(t) = t \cdot u(t) \quad \cdots\cdots(14.21)$$

と表現することができます。

(14.21)式のラプラス変換は、

$$L\{r(t)\} = L\{t \cdot u(t)\} = L\{t \cdot 1\} = L\{t\} = \frac{1}{s^2} \quad \cdots\cdots(14.22)$$

になります。

第14章　ラプラス変換と過渡現象

解答

$$\frac{1}{s^2}$$

〈参考書〉電気数学についての解説書

・臼田昭司「読むだけで力がつく電気数学再入門」日刊工業新聞社、2004年

索　引

【英字】
s 回路法 …………………………………… 192

【ア】
アース ……………………………………… 4
アドミッタンス ………………………… 101, 107
アドミッタンス角 ………………………… 101
アドミッタンスの大きさ ………………… 101
アドミッタンスの極表示 ………………… 101
アドミッタンスの座標表示 ……………… 101
網目電流法 ………………………………… 35
アンペールの右ねじの法則 …………… 13, 134
位相角 …………………………………… 54, 66
一般解 …………………………………… 163
インダクタンス ……………………… 8, 14, 82
インディシャル応答 …………………… 195
インパルス応答 ………………………… 199
インピーダンス ………………………… 93
インピーダンス角 …………………… 54, 94
インピーダンス図 ………………………… 94
インピーダンスの極表示 ………………… 94
インピーダンスの虚座標表示 …………… 94
インピーダンスの複素数表示 …………… 94
オイラーの等式 ………………………… 189
オシロスコープ ………………………… 71
オームの法則 ………………………… 10, 19

【カ】
回路方程式 ……………………………… 162
ガウス平面 ……………………………… 53
角周波数 ………………………………… 66
重ね合わせの定理 ………………………… 38
重ねの理 …………………………………… 38
過渡解 …………………………………… 163
過渡応答 ………………………………… 165
過渡現象 ………………………………… 161
ガルバノメータ …………………………… 26
キャパシタ ………………………………… 16
キャパシタンス ……………………… 8, 16, 86
共役複素数 ………………………………… 54

極表示 …………………………………… 54
虚数部 …………………………………… 53
キルヒホッフの第 1 法則 …………… 23, 29
キルヒホッフの第 2 法則 ………………… 31
グラウンド ………………………………… 4
検流計 …………………………………… 26
合成インピーダンス …………………… 114
交流 ……………………………………… 66
古典的解法 ……………………………… 162
コンダクタンス ……………………… 10, 101
コンデンサ ………………………………… 16

【サ】
最大電流の供給 …………………………… 48
最大電流の整合 …………………………… 48
サセプタンス …………………………… 101
作動結合 ………………………………… 139
自己インダクタンス ………………… 8, 14
時定数 …………………………………… 166
実数部 …………………………………… 53
実効値 …………………………………… 69
周期 ……………………………………… 66
周波数 …………………………………… 66
ステップ応答 …………………………… 195
正弦波交流 ………………………………… 65
正電荷 ……………………………………… 2
静電容量 ………………………………… 16
絶対平均値 ……………………………… 68
節点 ……………………………………… 30
相互インダクタンス ……………… 8, 134
疎結合 …………………………………… 146

【タ】
単位インパルス信号 …………………… 199
単位ステップ信号 ……………………… 195
直流回路網 ……………………………… 29
直列接続 ……………………………… 20, 91
抵抗 …………………………………… 8, 79
抵抗率 …………………………………… 9
定常解 …………………………………… 163
デルタ関数 ……………………………… 199

索 引

電圧 …………………………………………… 2
電圧の分圧 …………………………………… 22
電位 …………………………………………… 3
電位差 ………………………………………… 2
電荷 …………………………………………… 1
電気回路 ……………………………………… 1
電磁誘導結合 ………………………………… 134
電磁誘導結合回路 ………………… 139, 145
電流の分流 …………………………………… 24
電力 …………………………………… 5, 119
電力計 ………………………………………… 6
電力量 ………………………………………… 6
電力量計 ……………………………………… 7
等価自己インダクタンス …………………… 142
導電率 ………………………………………… 9
特殊解 ………………………………………… 163
トランス ……………………………………… 146

【ハ】

波高値 ………………………………………… 68
皮相電力 ……………………………………… 122
微分方程式 …………………………………… 162
ファラデーの電磁誘導法則 ………………… 14
フェーザ図 …………………………………… 74
フェーザ表示 ………………… 54, 61, 74
複素数 ………………………………………… 53
複素平面 ……………………………………… 53
負電荷 ………………………………………… 2
ブリッジ回路 ………………………………… 25
平均値 ………………………………………… 68
並列接続 …………………………… 23, 105
閉路電流法 …………………………………… 35
変圧器 ………………………………………… 146
変圧器結合 …………………………………… 146

変圧器結合回路 ……………………………… 147
偏角 …………………………………………… 54
変数分離 ……………………………………… 163
ホイートストーンブリッジ ………………… 27
鳳・テブナンの定理 ………………………… 44

【マ】

密結合 ………………………………………… 145
無効電力 ……………………………………… 122
漏れ磁束 ……………………………………… 145

【ヤ】

有効電力 ……………………………………… 121
誘導起電力 …………………………………… 44
誘導性インピーダンス ……………………… 95
誘導性サセプタンス ………………………… 101
誘導性リアクタンス ………………………… 94
容量性インピーダンス ……………………… 95
容量性サセプタンス ………………………… 101
容量性リアクタンス ………………………… 95

【ラ】

ラプラス演算子 ……………………………… 181
ラプラス逆変換 ……………………………… 181
ラプラス変換 ………………………………… 181
ラプラス変換式 ……………………………… 181
ラプラス変数 ………………………………… 181
ランプ関数 …………………………………… 201
リアクタンス ………………………………… 94
力率 …………………………………………… 121
力率改善 ……………………………………… 128
理想変圧器 …………………………………… 149
レンツの法則 ……………………… 14, 134

〈著者略歴〉

臼田　昭司（うすだ　しょうじ）

1975 年　北海道大学大学院工学研究科修了
1975 年　工学博士
1975 年　東京芝浦電気㈱（現・東芝）などで研究開発に従事
1994 年　大阪府立工業高等専門学校総合工学システム学科専攻科　教授
2008 年　大阪府立工業高等専門学校地域連携テクノセター・産学交流室長、光触媒工業会特別会員、華東理工大学（上海）客員教授、山東大学（中国山東省）客員教授、石家庄経済大学光電技術研究所（中国河北省）客員教授兼名誉教授
2012 年　大阪電気通信大学客員研究員、摂南大学理工学部電気電子工学科兼任講師、大阪産業大学電子情報通信学科兼任講師、大阪府立大学工業高等専門学校兼任講師

専門：電気・電子工学、計測工学、実験・教育教材の開発と活用法
研究：リチウムイオン電池と蓄電システムの開発、LED 照明、UV LED と光触媒浄化システム、企業との奨励研究や共同開発の推進など

主な著書：
・「読むだけで力がつく電気・電子再入門」、日刊工業新聞社、2004 年
・「読むだけで力がつく電気数学再入門」、日刊工業新聞社、2004 年
・「読むだけで力がつく自動制御再入門」、日刊工業新聞社、2004 年
・「よくわかる LED 照明活用」、日刊工業新聞社、2011 年
・「リチウムイオン電池回路設計入門」、日刊工業新聞社、2012 年
他多数

読むだけで力がつく
電気回路再入門　　　　　　　　　　　　　NDC 541.1

2012 年 11 月 29 日　初版 1 刷発行

　　　　　　　　　　Ⓒ 著　　者　　臼　田　昭　司
　　　　　　　　　　発 行 者　　井　水　治　博
　　　　　　　　　　発 行 所　　日 刊 工 業 新 聞 社
　　　　　　　　　　〒103-8548　東京都中央区日本橋小網町 14-1
　　　　　　　　　　　電　話　03（5644）7490（編集部）
　　　　　　　　　　　　　　　03（5644）7410（販売部）
　　　　　　　　　　　ＦＡＸ　03（5644）7400
　　　　　　　　　　　振替口座　00190-2-186076
　　　　　　　　　　　ＵＲＬ　　http://pub.nikkan.co.jp/
（定価はカバーに表示　　　　　e-mail　info@media.nikkan.co.jp
　されております。）
　　　　　　　　　　印刷・製本　　美研プリンティング

　　　落丁・乱丁本はお取替えいたします。　　　2012 Printed in Japan
　　　　　　ISBN 978-4-526-06983-3
　　　本書の無断複写は、著作権法上の例外を除き、禁じられています。